卫 静/著

纳米光催化材料
性能研究及应用

化学工业出版社

·北京·

本书主要介绍了纳米 TiO_2 材料光催化还原 CO_2 的相关研究成果，对 TiO_2 分别与 CuO 和镁铝水滑石复合后的光催化特性进行了探讨和研究，并对 TiO_2 纳米材料的光催化原理、制备方法，以及其在废水处理、气相有机物降解、染料敏化太阳能电池等相关应用进行了系统的分析。

本书具有较强的技术性和针对性，可供纳米光催化材料性能研究及应用领域的工程技术人员、科研人员和管理人员参考，也可供高等学校环境工程、化学工程、材料工程及相关专业的师生参阅。

图书在版编目（CIP）数据

纳米光催化材料性能研究及应用/卫静著. —北京：
化学工业出版社，2020.6（2020.10 重印）
ISBN 978-7-122-36676-4

Ⅰ.①纳… Ⅱ.①卫… Ⅲ.①光催化-纳米材料-研究 Ⅳ.①TB383

中国版本图书馆 CIP 数据核字（2020）第 080054 号

责任编辑：刘兴春 刘 婧　　　　　　　装帧设计：刘丽华
责任校对：王 静

出版发行：化学工业出版社（北京市东城区青年湖南街 13 号 邮政编码 100011）
印　装：涿州市般润文化传播有限公司
710mm×1000mm 1/16 印张 13¼ 字数 210 千字　2020 年 10 月北京第 1 版第 2 次印刷

购书咨询：010-64518888　　　　　　　　售后服务：010-64518899
网　址：http://www.cip.com.cn
凡购买本书，如有缺损质量问题，本社销售中心负责调换。

定　价：78.00 元

前　言

环境污染和能源短缺是 21 世纪亟待解决的问题，光催化以其可直接利用太阳能作为光源和室温下直接反应等特性，成为一种理想的环境污染治理技术和洁净能源生产技术。1972 年，A. Fujishima 和 K. Honda 在 n 型半导体 TiO_2 电极上发现了水的光电催化分解作用。以此为契机，开始了以 TiO_2 为代表的半导体金属氧化物光催化技术的发展，提供了一种理想的能源利用和环境污染治理的方法。

半导体光催化剂作为一种环境友好型光催化剂，其具有独特的光稳定、抗化学腐蚀性能，对大多数有机物具有很强的吸附降解能力，并且其性能稳定、价格低廉、无毒、光催化活性强，这使其在众多环境污染治理技术中脱颖而出。以半导体氧化物为催化剂的多相光催化过程可在室温下利用太阳光驱动光催化氧化及还原反应的发生，具有 CO_2 还原、氧化分解有机污染物、水解制氢、杀菌、防腐、除臭等多方面功能。

本书共分 8 章，其中第 1 章系统介绍了光催化的反应机理、光催化活性的影响因素、光催化剂 TiO_2 的制备等内容；第 2 章～第 6 章重点介绍了利用金属改性后的 TiO_2 纳米材料光催化还原 CO_2 的研究，对其光催化还原机理进行了初步探讨，通过对催化剂及反应条件的优化，探索提高光催化剂还原活性的具体途径和方法；第 7 章介绍了 TiO_2 基镁铝水滑石光催化氧化活性的相关研究；第 8 章系统介绍了纳米 TiO_2 在废水处理、气相有机物降解、染料敏化太阳能电池等领域中的实际应用。全书具有较强的技术性和针对性，可供从事纳米光催化材料性能研究及应用领域的工程技术人员、科研人员和管理人员参考，也可供高等学校环境工程、化学工程、材料工程及相关专业师生参阅。

本书中的部分研究成果是在临沂大学博士基金（40618064）、山东省自然科学基金（ZR2016BL27）的支持下取得的。在本书写作过程中，还得到了临沂大学资源环境学院多位老师等的协助，在此一并表示衷心的感谢。

限于著者水平及写作时间，书中难免有疏漏和不妥之处，殷切期望专家和读者给予批评和指正。

著者
2020 年 2 月

目 录

第4章

RE 改性纳米 TiO_2 光催化活性研究 —————————— 067

第5章

RE与Cu共改性 TiO_2 光催化活性研究 ------------- **091**

第6章

光催化还原 CO_2 反应条件研究 ------------- **114**

第7章　TiO₂ 基镁铝水滑石光催化活性研究 ------------ 124

第 **7** 章

TiO₂基镁铝水滑石光催化活性研究 ------------ **124**

第1章

光催化剂的机理与结构

1.1　光催化反应机理

半导体与金属不同，其电子能级不是连续的，而是存在空的能级区域，在这一区域中没有能级供给由光激发产生的电子和空穴在固体中进行复合。从充满的价带顶端到空的导带底端的这一空区域叫作禁带或带隙（张金龙等，2004）。当用光量子能量等于或大于禁带宽度（E_g）的光照射时，半导体价带上的电子可受到激发跃迁到导带，同时在价带产生相应的空穴，进而在半导体内部生成电子-空穴对（刘守新等，2006）。锐钛矿型 TiO_2 的禁带宽度为 3.2eV，当激发波长＜387nm 时，电子从价带激发到导带生成光生电子，同时在价带上留下光生空穴，形成光生电子-空穴对。同时导带上的激发态电子和价带的空穴又能重新复合，将光能转换成热能或其他形式消耗掉。当催化剂存在合适的俘获剂或表面缺陷态时，光生电子-空穴对的重新复合将受到抑制，因而会将电荷转移到催化剂表面发生氧化或还原反应。价带上的光生空穴是良好氧化剂，而导带的光生电子则是良好的还原剂。空穴能够与表面吸附的 H_2O 或 OH^- 作用生成具有强氧化性的羟基自由基（·OH）（Turchi 等，1990）。电子与表面吸附的氧分子反应，分子氧不仅参与还原反应，还是表面·OH 的另外一个来源。在此过程中，可产生活泼的·OH 和超氧离子自由基（·O^{2-}），这些都是氧化性很强的活泼自由基，能够将各种有机物直接氧化为 CO_2、H_2O 等无机小分子。

光催化反应实质就是一个多相光催化过程（Fujishima 等，2000）。光催化剂在光的照射激发下可加速化学反应，将光能转化成化学能而起到催化作用，使吸附在其表面的氧气及水分子转化成极具氧化力的自由负离子，光催化转化对人体和环境有害的有机物质及部分无机物质。

光催化反应过程可分为 5 个基本步骤：

① 反应物迁移至催化剂表面；

② 反应物的吸附；

③ 吸附相中的反应；

④ 反应产物的脱附；

⑤ 相界面区域产物的去除。

光催化反应发生在吸附相中，活化类型只与反应产物的脱附有关。对光生电子（e⁻）迁移的速率和概率取决于各个导带和价带边的位置和吸附物种的氧化还原电位。光催化氧化还原反应能发生的条件是：受体电势比半导体电势低，供体电势要比半导体价带电势高，半导体被激发产生的光生电子或光生空穴才能给基态吸附分子。

TiO$_2$ 半导体的光催化机理如图 1-1 所示。

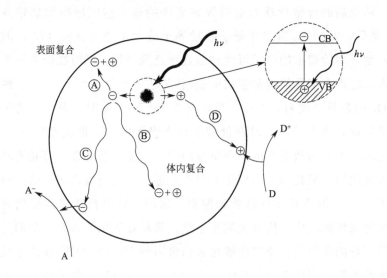

图 1-1 TiO$_2$ 半导体的光催化机理（Linsebigler 等，1995）

CB—导带；VB—价带

被激发后分离的电子和空穴可能在半导体粒子的表面和内部发生表面复合（过程 A）和体内复合（过程 B）。在电场作用下，分离后的电子和空穴可能迁移到粒子表面，与已经被吸附的有机物或无机物发生还原或氧化反应，电子能够还原被吸附的电子受体（在含空气的水溶液中通常是氧）（过程 C），空穴则可以发挥其较强的氧化能力，氧化降解表面吸附物（过程 D）（高濂等，2002）。而其吸收的光能则以热能或其他形式散发掉，即发生湮灭过程。电子发生迁移的概率和速率取决于半导体导带和价带各自的边界位置以及被吸附物质的氧化还原电势电位。对于光催化氧化还原反应来说，热力学上要求：受体电势要低于半导体导带电势，才能发生还原反应；供体电势要高于半导体价带电势，才能发生氧化反应（Fujishima 等，2000）。只有这样，半导体被激发产生的光生电子和空穴才能传递给基态的吸附分子。

1.2 光催化活性的影响因素

在影响光催化氧化反应速率的因素中，光催化剂的晶相结构、粒径、缺陷和比表面积等因素都对光催化反应起着关键作用。

1.2.1 晶相结构的影响

1972 年 Fujishima 和 Honda 发现在 TiO_2 电极上光催化分解水的现象（Fujishima 等，1972），开创了多相光催化研究的一个新时代。众多学者为阐明 TiO_2 光催化的基本过程和提高其光催化效率进行了详尽的研究。金红石和锐钛矿是 TiO_2 两类不同的晶体结构。在光催化应用中，锐钛矿显示出了较高的光催化活性。

金红石和锐钛矿的结构都可以用 TiO_6 八面体来描述。两种晶体结构的差别在于每一个八面体的分布和组装不同。

图 1-2 表示了金红石和锐钛矿型 TiO_2 的单个晶胞结构。

在 TiO_6 的八面体中，每一个 Ti^{4+} 由六个 O^{2-} 以八面体的形式包围，一个钛原子与六个氧原子，一个氧原子与三个钛原子相连。金红石晶体中的八面体是不规则的，有些斜方晶型的分布。锐钛矿晶体中的八面体有较大弯曲，对称性比金红石低。在锐钛矿 TiO_2 的晶体中，每个八面体与其周围的八个八面体相邻（四个共面，四个共角）；而在金红石结构中，每个八面体与其周围的十个八面体相接（两个共面，八个共角）（刘春艳等，2007）。此

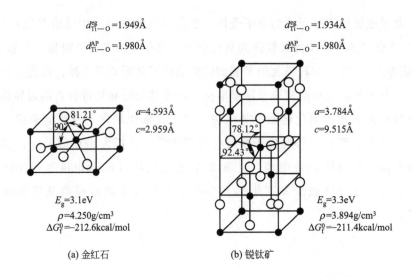

$d^{\text{cg}}_{\text{Ti}-\text{O}}=1.949\text{Å}$

$d^{\text{AP}}_{\text{Ti}-\text{O}}=1.980\text{Å}$

$d^{\text{cg}}_{\text{Ti}-\text{O}}=1.934\text{Å}$

$d^{\text{AP}}_{\text{Ti}-\text{O}}=1.980\text{Å}$

81.21°
90°
$a=4.593\text{Å}$
$c=2.959\text{Å}$

78.12°
92.43°
$a=3.784\text{Å}$
$c=9.515\text{Å}$

$E_{\text{g}}=3.1\text{eV}$
$\rho=4.250\text{g/cm}^3$
$\Delta G^0_{\text{f}}=-212.6\text{kcal/mol}$

$E_{\text{g}}=3.3\text{eV}$
$\rho=3.894\text{g/cm}^3$
$\Delta G^0_{\text{f}}=-211.4\text{kcal/mol}$

(a) 金红石　　　　　　　　　(b) 锐钛矿

图 1-2　金红石和锐钛矿型 TiO₂ 结构 (Linsebigler 等，1995)

(1kcal≈4.1868kJ，下同；1Å＝10^{-10} m，下同)

外，这两种晶体的 Ti—Ti 键和 Ti—O 键的键长也不同。锐钛矿 Ti—Ti 键的距离要比金红石大 (3.79Å 和 3.04Å 对 3.57Å 和 2.96Å)，Ti—O 键之间的距离比金红石的要短 (1.934Å 和 1.980Å 对 1.949Å 和 1.980Å) (Linsebigler 等，1995)。晶体结构的差异使两种不同的 TiO₂ 之间具有不同的质量密度和电子能带结构，这些直接影响其表面结构、表面吸附特性和表面的光化学行为。金红石具有较大的密度、硬度、介电常数折射率等，此外其稳定性也较大。锐钛矿因其表面具有更多的缺陷位点，吸附氧的能力强，对于光生电子和空穴能形成深阱或浅阱捕获，抑制电子空穴对的复合，从而具有更高的催化活性。

1.2.2　粒径的影响

粒径也是影响 TiO₂ 光催化活性的重要因素。粒子的粒径越小，单位质量的粒子越多，比表面积也就越大，有利于光催化反应在表面进行，因而光催化反应速率和效率也较高。当粒子的大小为 1～10nm 时就会出现量子尺寸效应，导致禁带明显变宽，从而使空穴-电子对的氧化还原能力更强，光催化活性随着量子化程度的升高而明显增加。量子尺寸效应带来的能带变宽可用下式描述 (张金龙等，2015)：

$$E(R) = E_g + \frac{h^2 \pi^2}{2R^2} \left(\frac{1}{m_e} + \frac{1}{m_h} \right) - \frac{1.8e^2}{R\varepsilon} \tag{1-1}$$

式中　$E(R)$——激发态具有的能量，其大小与粒径有关；

　　　　R——粒径；

　　　　E_g——半导体的能隙；

　　　m_e，m_h——电子和空穴的有效质量；

　　　　ε——介电常数。

由式(1-1)可知，随着 R 值的减小，式中第 2 项增大，激发态能量变大意味着吸收波长的减小，故可使之发生蓝移，但同时第 3 项会增大，产生红移。但由于式(1-1)中第 3 项比第 2 项变化的幅度要小，因此粒径越小，半导体带隙能越大，从而吸收波长越短，总的效果是吸收波发生蓝移。尺寸的量子化也使半导体获得更大的电荷迁移速率。随着粒径的减小，TiO_2 的比表面积也大大增加，由于表面原子数增加幅度大，无序度随之增加，键态严重失配，出现了许多活性中心，表面台阶和粗糙度也增加，表面出现非化学平衡和非整数配位的化合价，从而使 TiO_2 的催化活性和吸附性有所提高。但比表面积越大，也就意味着表面上出现复合中心的机会越多。若大量的电子-空穴发生复合，也会出现随量子化程度提高而光催化活性下降的情况。尺寸量子化程度的提高，禁带宽度变大，吸收光谱蓝移，会导致 TiO_2 光敏化程度变弱，降低对光能的利用效率。因此在实验过程中要选择一个合适的粒径范围（张金龙等，2015）。

1.2.3 缺陷的影响

缺陷对 TiO_2 光催化活性起到了重要的作用。Salvador 等（1992）在研究金红石型 TiO_2（001）晶面上的水解过程中，发现氧空位形成的缺陷是水氧化为双氧水的反应活性中心，理由是 Ti^{3+}—Ti^{3+} 的键间距（0.259nm）比无缺陷的 Ti^{4+}—Ti^{4+} 键间距（0.459nm）小得多，从而造成吸附羟基的反应活性增强。缺陷有时候也会成为电子空穴的复合中心，岳林海等（2003）的研究表明，晶格畸变会使 TiO_2 晶格不完整，晶格缺陷增多，电子空穴在晶格缺陷处容易发生复合，从而减少有效的电子和空穴，光催化活性下降（张金龙等，2015）。

1.3 纳米 TiO_2 的制备

制备 TiO_2 光催化剂的方法有很多，主要分为化学方法和物理方法；其中化学法又分为固相法、气相法和液相法三种（唐阳清等，1995；杨向萍等，2001）。固相法一般是通过物理方法来制备粉体，但由于分子或原子的扩散缓慢，且难以控制粒径在 $1\ \mu m$ 以下，因此在制备纳米级 TiO_2 光催化剂方面该法的应用较少。气相法的反应装置复杂，制备条件要求严格，在工业上应用较多，主要包括化学气相沉积法和化学气相水解法。液相法可以通过改变液相反应温度、碱度、浓度等条件，控制 TiO_2 纳米颗粒的晶型和粒度，主要包括溶胶-凝胶法、水热法、微乳液法和液相沉淀法等。TiO_2 光催化剂制备常用的物理方法有溅射法、脉冲激光沉积法和离子注入法等。

1.3.1 化学气相沉积法

化学气相沉积法（CVD）（姜丽娜等，2009）是利用挥发性的金属化合物蒸汽通过化学反应生成所需要的化合物。CVD 法包括单一化合物的热分解，也包括两种以上物质之间的气相反应制备超细粉体。该方法的自动化程度高，制备出的粉体粒径小、纯度高、分散性好、粒度分布窄，除能制备氧化物外，还能制备碳化物、氮化物等非氧化物超细粉。Wachowski 等（2007）利用 CVD 法在含碳材料表面制得 TiO_2。李文漪等（2003）利用 CVD 法水解四异丙醇钛（TTIP）制备 TiO_2 薄膜，并研究了制备过程中水解 TTIP 的反应动力学。

1.3.2 化学气相水解法

化学气相水解法按照所用原料的不同分为 $TiCl_4$ 氢氧火焰水解法和钛醇盐气相水解法（姜丽娜等，2009）。

$TiCl_4$ 氢氧火焰水解法的基本原理是将 $TiCl_4$ 气体导入高温的氢氧火焰中（700~1000℃）进行气相水解，其基本化学反应式为：

$$TiCl_4(g)+2H_2(g)+O_2(g)\!=\!=\!=\!TiO_2+4HCl(g) \qquad (1-2)$$

通过该法制备的粉体一般都是锐钛矿和金红石的混晶，有着产品纯度高、粒径小、表面活性大、分散性好、团聚程度较低、制备过程较短、自动化程度高等优点，但因其反应过程温度较高，腐蚀严重，对设备材质的要求严格，工艺参数控制的要求精确，因此产品的成本较高。

钛醇盐气相水解法是制备高纯、微细、单分散 TiO_2 的一种方法，所制备的 TiO_2 微粉具有纯度高、粒径小、粒径分布范围窄、分散性好等理化性能（高濂等，2002；Danion 等，2004；Mytych 等，2004）。化学纯钛醇盐黏性大，可加入无水乙醇混合成均匀溶液使其黏性下降。其反应基本原理为：

$$Ti(OR)_x(OH) \xrightarrow{\text{水解}} Ti(OR)_m(OH)_n \xrightarrow{\text{缩聚}} TiO_2 \tag{1-3}$$

其中水解反应可能由下列 4 步反应组成：

$$Ti(OR)_4 + H_2O \xrightarrow{\text{水解}} Ti(OR)_3(OH) + ROH \tag{1-4}$$

$$Ti(OR)_3(OH) + H_2O \xrightarrow{\text{水解}} Ti(OR)_2(OH)_2 + ROH \tag{1-5}$$

$$Ti(OR)_2(OH)_2 + H_2O \xrightarrow{\text{水解}} Ti(OR)(OH)_3 + ROH \tag{1-6}$$

$$Ti(OR)(OH)_3 + H_2O \xrightarrow{\text{水解}} Ti(OH)_4 + ROH \tag{1-7}$$

水解反应是分步、可逆进行的。水解产物 $[Ti(OR)_m(OH)_n]$ 聚合形成较高分子量的核或粒子（TiO_2），亦即水解物的鳍聚反应，它可能由如下两个反应组成：

① 水消除反应

$$\equiv Ti\!-\!OH + HO\!-\!Ti\!\equiv\; \longrightarrow\; \equiv Ti\!-\!O\!-\!Ti\!\equiv\; + H_2O \tag{1-8}$$

② 醇消除反应

$$\equiv Ti\!-\!O\!-\!R + HO\!-\!Ti\!\equiv\; \longrightarrow\; \equiv Ti\!-\!O\!-\!Ti\!\equiv\; + ROH \tag{1-9}$$

由于缩聚反应产物为链状或网状结构，链端总含有—OR 或—OH 基团，因此水解产物不可能完全是单一的 $Ti(OH)_4$，所以水消除反应和醇消除反应并存发生；但哪一反应占优势，要取决于水解和缩聚反应速率的相对大小以及水解反应进行的程度。反应结束后，经沉淀-过滤-干燥-热处理所制得的 TiO_2 光催化剂可得到类球形 TiO_2 亚微粉或超微粉。为控制水解速度，一方面可在去离子水中加入稀硝酸作为水解速度抑制剂，并以聚丙烯酸钠（或聚乙烯醇）作为分散剂，分散 TiO_2 颗粒；另一方面可将钛醇盐的醇溶液用滴管逐滴加入去离子水中，并剧烈搅拌。最终生成水合 TiO_2 纳米颗粒，即 $Ti(OH)_4$，为了除去反应的副产物，如丁醇等，并形成 TiO_2 晶体，将水合粉体置于箱式电阻炉中 450℃下焙烧 2h，自然冷却。此方法制备的纳米 TiO_2 粉体呈白色，分散性明显优于普通 TiO_2，比表面积大。钛醇盐气相水解法的一个显著的优点在于不会产生"三废"污染，而若采取 $TiOSO_4$ 或 $TiCl_4$ 为原材料，产物 TiO_2 中将不可避免地含有相应的阴离子，如 SO_4^{2-}、Cl^- 等，将导致 TiO_2 的性能降低。周武艺等（2003）以 $NH_3 \cdot H_2O$ 为沉淀剂，同时以十二烷基苯磺酸钠（DBS）为表面活性剂，采用常温水解沉淀法制备出纳米 TiO_2。国伟林（2002）对在超声波作用下的钛醇盐气相水解法直接制备锐钛矿相纳米 TiO_2 进行研究，发现利用超声化学效应在水溶液中可以直接得到锐钛矿型及单分散性较好的纳米 TiO_2，粒径大小为 3 nm×7 nm，且粒径分布范围窄。

1.3.3　溶胶-凝胶法

溶胶-凝胶法（Sol-Gel）是 20 世纪 80 年代兴起的一种制备纳米材料的湿化学方法（Miao 等，2004；Fu 等，2001；Caruso 等，2001；Chu 等，2004）。纳米 TiO_2 的合成一般以钛醇盐 $Ti(OR)_4$（R = —C_2H_5，—C_3H_7，—C_4H_9）为原料，将其溶于乙醇、丙醇或丁醇等溶剂中形成均相溶液，以保证钛醇盐的水解反应在分子水平上均匀进行，由于钛醇盐在水中的溶解度不大，一般选用小分子醇（如无水乙醇）作为溶剂。钛醇盐与水发生水解反应的同时还会发生失水和失醇的缩聚反应，生成物聚集形成溶胶，陈化后形成三维网络的凝胶，干燥除去残余水分、有机基团和有机溶剂得到干凝胶；干凝胶研磨后经煅烧处理，以除去化学吸附的羟基和烷基集团以及物理吸附的有机溶剂和水，最终得到纳米 TiO_2 粉体。通常还需在溶液中加入盐酸、氨水和硝酸等抑制 TiO_2 溶胶发生团聚而产生沉淀。反应基本原理如下所示（刘春艳等，2007；李光明等，1999），其中式(1-10) 为钛的醇盐水解反应，式(1-11) 和式(1-12) 为缩合反应。

$$Ti—OR+H_2O \longrightarrow Ti—OH+ROH \qquad (1-10)$$

$$Ti—OH+Ti—OR \longrightarrow Ti—O—Ti+ROH \qquad (1-11)$$

$$Ti—OH+Ti—OH \longrightarrow Ti—O—Ti+H_2O \qquad (1-12)$$

溶胶-凝胶法制备的纳米 TiO_2 可以很好地掺杂其他元素，是纳米光催化剂改性研究方面常用的制备方法。该法制备的 TiO_2 粉末分布均匀、分散性好、纯度高、煅烧温度低、反应易控制、副反应少、工艺操作简单。但由于以钛醇盐为原料，且需大量的有机试剂，因此成本较高。凝胶颗粒之间烧结性差，易造成纳米 TiO_2 颗粒在煅烧过程中团聚的现象。利用溶胶-凝胶超临界流体干燥法，可克服干燥过程中纳米 TiO_2 颗粒间的团聚问题。在超临界状态下，胶体变成流体，不存在气液界面和表面张力，因此可把溶剂在超临界状态下抽提除去，这样就可避免干燥过程中凝胶结构的破坏，保持凝胶的纳米多孔结构。用这种方法可制得大孔、高比表面积、高堆积密度的纳米 TiO_2 超细粉体。但该法工艺复杂，成本高。

Baolong 等（2003）用无水乙醇作为溶剂，盐酸作为水解催化剂，钛酸四丁酯水解得到 TiO_2 溶胶，将 TiO_2 溶胶与苯酚混合加入正庚烷中，在搅拌的同时滴入甲醛溶液；然后在 90℃ 下静置该反应体系 1.5h，得到象牙色的微球；最后在高温下焙烧象牙色的微球得到 TiO_2 多孔球形纳米晶体，粒径为 20～40nm。谢友海等（2007）采用改进的溶胶-凝胶法制得的光催化剂具有单分散椭球形微孔结构，而且比表面积大、粒径小且分布窄、分散性好。Wang 等（2001）在不同配比的乙醇和乙酸溶液中合成了金红石和锐钛矿型纳米 TiO_2。在反应过程中，因为乙醇和乙酸的酯化反应生成水，调整酯化速率可以控制水的释放，使反应体系中的水解过程可以均匀地进行。所制备的 TiO_2 纳米颗粒的结晶相与醇和温度的选择有关，颗粒的形态和尺寸也受这些因素的影响。Tang 等（2005）使用金属有机化合物前驱体在低温下合成了 TiO_2 纳米颗粒。室温条件下，在没有任何辅助剂存在的有机溶剂中，利用双环辛四烯钛与二甲基亚砜反应制备了无定形的 TiO_2 粉体。但是在碱性配体如三丁基膦、氧化三丁基膦、氧化三辛基膦等的存在下，会得到结晶态的 TiO_2 纳米颗粒。

1.3.4 水热法

水热法是制备均匀的纳米尺度氧化物超细粉末的好方法。该法主要利用的是化合物在高温高压条件下，其在水溶液中的溶解度增大、化合物晶体结构转型和离子活度增强等特殊性质（Ito 等，2000；Um 等，2000；Wang 等，2000）。反应过程在特制的密闭反应容器（高压釜）里，以水溶液作为反应介质，通过对容器进行加热，创造一个高温高压反应环境，使难溶或不溶的物质溶解，进而成核、生长，最终形成具有一定粒度和结晶形态的晶粒。水热法制备 TiO_2 常采用固体粉末或新配制的凝胶作为前驱体，在内衬为耐腐蚀材料（如聚四氟乙烯）的密闭高压釜中加入制备纳米 TiO_2 的前驱物，按一定程序进行热处理后，经过滤、洗涤、干燥等工艺即可得到纳米 TiO_2 粉体。该方法的优点：a. 在相对较低的反应温度（一般低于 250℃）下可直接获得结晶态产物，有利于减少颗粒的团聚；b. 所制备的粉体纯度高且结晶状况好；c. 所制备的粉体的粒径大小可控。其缺点为对设备材质要求严，能耗较大，成本高。

Aruna 等（2000）以异丙醇钛为原料，将其溶于异丙醇，再加入硝酸，强烈地搅拌 8h，于 82℃下干燥，在 250℃的高压反应釜中，水热反应 26h，反应过程中开启搅拌器，水热处理后进行过滤、干燥，得到平均粒径为 20nm 的金红石 TiO_2。单凤君等（2006）以钛白粉为原料制备硫酸钛溶液，采用水热合成法制备出了分散性好、粒径约为 10nm 的纳米 TiO_2 粉体。Hayashi 等（2002）用异丙氧基钛为原料，在超临界水中合成了锐钛矿相 TiO_2 粉末。Wilson 等（2002）用微波水热处理胶态 TiO_2，与普通的水热过程相比，其产物的结晶度更高，处理过程需要的时间更少。

1.3.5　微乳液法

微乳液是由热力学稳定分散且互不相溶的液体组成的宏观上均一而微观上不均匀的液体混合物，一般由表面活性剂、助表面活性剂（通常为醇类）、油（烃类化合物）和水（或电解质溶液）组成（Bessekhouad 等，2004；Carneiro 等，2004）。微乳液具有纳米尺寸的水核，是物质进行交换和传递的场所，并将合成反应限制在一定的空间里，限制了粒子的生长，防止团聚发生，容易制备出粒径小且均匀的纳米粒子。由于微乳液的结构从根本上限制了颗粒的成长，因此它使超细微粒的制备变得容易。通过超速离心，使纳米颗粒与微乳液分离，再用有机溶剂除去附着在表面的油和表面活性剂，经干燥处理后即可得到纳米颗粒。该法所制备的产物粒径小且分布均匀，易实现高纯化。其优点为不需加热、设备简单、操作容易；可精确控制化学计量比。

张刚等（2009）利用非离子表面活性剂和阳离子表面活性剂分别构建 TritonX-100/正己醇/环己烷/水微乳体系和 CTAB/正己醇/水微乳体系，制备出的纳米 TiO_2/SiO_2 复合物颗粒，材料呈球形且粒径分布均匀。与 TritonX-100 体系相比，CTAB 体系合成的 TiO_2/SiO_2 复合物粒径更小，且对于碱性品红的降解及 COD_{Cr} 的去除效果更优。Stallings 等（2003）在超临界 CO_2 体系中加入水和表面活性剂，形成 W/C（Water in CO）型微乳液，制备出直径为 $20\sim800nm$ 的 TiO_2 微球。益帼等（2007）以 $TiCl_4$ 为原料，在 OP-10/正戊醇/环己烷/水（溶液）组成的反相微乳液体系中制备纳米 TiO_2 粒子。结果表明当体系内含水量较高时，采用反相微乳液合成的纳米 TiO_2 粒度较小，且分布均匀，适当的陈化可使产物粒度变小，分布变窄。

1.3.6　液相沉淀法

液相沉淀法以 $TiCl_4$ 或 $Ti(SO_4)_2$ 等无机钛盐为原料，将 $NH_3 \cdot H_2O$、$(NH_4)_2CO_3$、$(NH_4)_2SO_4$ 或 NaOH 等碱类物质加入钛盐溶液中，反应后生成无定形 $Ti(OH)_4$ 沉淀，将沉淀进行过滤、洗涤、干燥，经不同温度煅烧得到锐钛矿型或金红石型纳米 TiO_2。也可向钛盐的稀释液中加醋酸、柠檬酸、草酸等控制粒径及其分布范围、抑制颗粒团聚和达到控制其沉淀速度的目的。此法工艺简单、反应条件温和，反应时间短，产品粒度均匀，分散性好。原料易得，生产成本较低，易实现工业化，但是需要经过反复洗涤来除去氯离子，存在工艺流程长、废液多、产物损失较大等缺点，而且完全洗去无机离子较困难。

丁珂等（2004）选用 $Ti(SO_4)_2$ 为前驱体，采用正交实验的方法研究了液相沉淀法制备锐钛矿型纳米 TiO_2 过程中，水浴温度、Ti^{4+} 浓度、Ti^{4+} 和 SO_4^{2-} 的比例对所制光催化剂活性的影响，制得的纳米粉体分散性好、粒度分布均匀、粒径大小在 20nm 左右，其催化活性高于市售的 SH-1 产品。赵旭等（2000）采用均相沉淀法，以尿素为沉淀剂，控制反应液中钛离子浓度、稀硫酸及表面活性剂十二烷基苯磺酸钠的用量，制备的粒子晶体粒径为 $5\sim20nm$。

1.3.7　溅射法

溅射法是在真空下将惰性气体电离形成等离子体，离子在靶偏压的吸引下轰击靶材，溅射出靶材离子沉积到基片上（Bhattacharyya 等，2000；

Takeda 等，2001）。磁控溅射利用交叉电磁场对二次电子的约束作用，大大增加了二次电子与工作气体的碰撞电离概率，同时提高了等离子体的密度。

1.3.8　脉冲激光沉积

脉冲激光沉积（Pulsed Laser Deposition，PLD）的基本原理是将脉冲激光器所产生的高功率脉冲激光束聚焦于靶材表面，使靶材表面产生高温高压等离子体，这种等离子体在基片表面沉积而成薄膜（Lethy 等，2008；Kakati 等，2009；Rasmussen 等，2009）。脉冲激光沉积的特点是能量在空间和时间上高度集中，可以解决难熔材料的沉积问题、易于在室温下沉积取向一致的高质量的薄膜。

1.3.9　离子注入法

离子注入法是通过高能金属离子轰击 TiO_2 来实现的。如采用加速 Cr^{3+} 注入 TiO_2 中，造成晶格缺陷以提高其光催化活性（Seung 等，2003；Trenczek 等，2009；Yamashita 等，2003）。另外，用氢等离子体处理 TiO_2 粉体可以产生氧空位，从而在 TiO_2 能带结构中导带边缘附近形成新的禁带内能级。由此产生的次禁带宽度被降低到 2.5 eV 以下，可以对可见光进行吸收，在氢等离子体的活性气氛中处理过的 TiO_2 在可见光下显示光催化活性。

参考文献

[1]　丁珂，田进军，王晟，等，2004. 液相沉淀法制备纳米 TiO_2 及其光催化性能的研究 [J]. 工业催化，12（10）：30-33.

[2]　高濂，郑珊，张青红，2002. 纳米二氧化钛光催化材料及应用 [M]. 北京：化学工业出版社.

[3]　国伟林，王西奎，2002. 超声波作用下的钛醇盐水解法制备纳米 TiO_2 [J]. 高等学校化学学报，23（8）：1592-1594.

[4]　姜丽娜，刘金华，孟德营，2009. 纳米 TiO_2 的制备方法研究进展 [J]. 山东轻工业学院学报，23（3）：53-55.

[5] 李光明，徐子頡，1999. TiO$_2$ 凝胶形成的动力学研究 [J]. 同济大学学报：自然科学版，27（3）：347-350.

[6] 李文漪，李刚，蔡峋，等，2003. LPCVD 水解法制备 TiO$_2$ 薄膜 [J]. 材料科学与工程学报，21（3）：331-334.

[7] 刘春艳，2007. 纳米光催化及光催化环境净化材料 [M]. 北京：化学工业出版社.

[8] 刘守新，刘鸿，2006. 光催化及光电催化基础与应用 [M]. 北京：化学工业出版社.

[9] 单凤君，成梓铭，郭泽军，2006. 纳米二氧化钛粉体的制备及工艺研究 [J]. 天津化工，20（1）：34-35.

[10] 唐阳清，周馨我，1995. 纳米 TiO$_2$ 的制备方法 [J]. 材料导报，9（3）：20-26.

[11] 谢友海，汪应灵，刘国光，等，2007. 纳米 TiO$_2$ 的制备及光催化性能研究 [J]. 安徽农业科学，35（14）：4103-4104.

[12] 杨向萍，段学臣，周建，2001. 纳米 TiO$_2$ 的制备方法及其进展 [J]. 稀有金属与硬质合金，1：33-35.

[13] 益帼，邓瑞红，聂基兰，2007. 微乳液法制备纳米 TiO$_2$ 粒子 [J]. 有色金属，59（1）：46-48.

[14] 岳林海，金达莱，徐铸德，2003. 共沉淀法合成复合碳酸钙及其形貌和晶形的研究 [J]. 化学学报，61（10）：1587-1591.

[15] 张刚，邓沁瑜，简子聪，等，2009. TritonX-100/正己醇/环己烷/水，CTAB/正己醇/水微乳体系制备纳米 TiO$_2$/SiO$_2$ 复合物 [J]. 华南师范大学学报（自然科学版），21（3）：88-92.

[16] 张金龙，陈峰，何斌，2004. 光催化 [M]. 上海：华东理工大学出版社.

[17] 张金龙，陈锋，田宝柱，2015. 光催化 [M]. 上海：华东理工大学出版社.

[18] 赵旭，王子忱，2000. 球形二氧化钛的制备 [J]. 功能材料，31（3）：303-305.

[19] 周武艺，唐绍裘，张世英，等，2003. DBS 包覆钛盐水解制备纳米 TiO$_2$ 的研究 [J]. 硅酸盐学报，31（9）：858-861.

[20] Aruna S T，Tirosh S，Zaban A，2000. Nanosize rutile titania particle synthesis via a hydrothermal method without mineralizers [J]. Journal of Materials Chemistry，10（10）：2388-2391.

[21] Baolong Z，Baishun C，Keyu S，et al，2003. Preparation and characterization of nanocrystal grain TiO$_2$ porous microspheres [J]. Applied Catalysis B：Environmental，40（4）：253-258.

[22] Bessekhouad Y，Robert D，Weber J V，et al，2004. Effect of alkaline-doped TiO$_2$ on photocatalytic efficiency [J]. Journal of Photochemisry and Photobiology A：Chmeistry，167（1）：49-57.

[23] Bhattacharyya D, Sahoo N K, Thakur S, et al, 2000. Spectroscopic ellipsometry of TiO_2 layers prepared by ion-assisted electron-beam evaporation [J]. Thin Solid Films, 360 (1-2): 96-102.

[24] Carneiro P A, Osugi M E, Sene J J, et al, 2004. Evaluation of color removal and degradation of a reactive textile azo dye on nanoporous TiO_2 thin film electrodes [J]. Electrochimica ACTA, 49 (22-23): 3807-3820.

[25] Caruso R A, Antonietti M, Giersig M, et al, 2001. Modification of TiO_2 network structures using a polymer gel coating technique [J]. Chemistry of Marterials, 13 (3): 1114-1123.

[26] Chu S Z, Inoue S, Wada K, et al, 2004. Fabrication of TiO_2-Ru- (O^{2-}) / Al_2O_3 composite nanostructures on glass by Al anodization and electrodeposition [J]. Journal of the Electrochemical Society, 151 (1): 38-44.

[27] Danion A, Disdier J, Guillard C, et al, 2004. Characterization and study of a single-TiO_2-coated optical fiber reactor [J]. Applied Catalysis B: Environmental, 52 (3): 213-223.

[28] Fu X, Qutubuddin S, 2001. Synthesis of titania-coated silica nanoparticles using a nonionic water-in-oil microemulsion [J]. Colloids and Surfaces A: Physicochemical and Engineering Aspects, 179 (1): 65-70.

[29] Fujishima A, Honda K, 1972. Electrochemical photolysis of water at a semiconductor electrode [J]. Nature, 238: 37-38.

[30] Fujishima A, Tata N R, Tryk D A, 2000. Titanium dioxide photocatalysis [J]. Journal of Photochemistry and Photobiology C: Photochemistry Reviews, 1 (1): 1-21.

[31] Hayashi H, Torii K, 2002. Hydrothermal synthesis of titania photocatalyst under subcritical and supercritical water conditions [J]. Journal of Materials Chemistry, 12 (12): 3671-3676.

[32] Ito S, Yoshida S, Watanabe T, 2000. Preparation of colloidal anatase TiO_2 secondary submicroparticles by hydrothermal sol-gel method [J]. Chemistry Letters, 29 (1): 70-71.

[33] Kakati M, Bora B, Deshpande U P, et al, 2009. Study of a supersonic thermal plasma expansion process for synthesis of nanostructured TiO_2 [J]. Thin Solid Films, 518 (1): 84-90.

[34] Lethy K J, Beena D, Pillai V P M, et al, 2008. Band gap renormalization in titania modified nanostructured tungsten oxide thin films prepared by pulsed laser deposition technique for solar cell applications [J]. Journal of Applied Physics,

104 (3): 33515-33527.

[35] Linsebigler A L, Lu G, Yates J T, 1995. Photocatalysis on TiO$_2$ surface princi-
ples, mechanisms, and selected results [J]. Chemical Reviews, 95: 735-758.

[36] Miao L, Tanemura S, Watanabe H, et al, 2004. The improvement of optical re-
activity for TiO$_2$ thin films by N$_2$-H$_2$ plasma surface-treatment [J]. Journal of
Crystal Growth, 260 (1-2): 118-124.

[37] Mytych P, Stasicka Z, 2004. Photochemical reduction of chromium (VI) by phe-
nol and its halogen derivatives [J]. Applied Catalysis B: Environmental, 52 (3):
167-172.

[38] Rasmussen I L, Pryds N, Schou J, 2009. RHEED study of titanium dioxide with
pulsed laser deposition [J]. Applied Surface Science, 255 (10): 5240-5244.

[39] Salvador P, Garcia Gonzalez M L, Munoz F, 1992. Catalytic role of lattice defects
in the photoassisted oxidation of water at (001) n-titanium (IV) oxide rutile [J].
The Journal of Physical Chemistry, 96 (25): 10349-10353.

[40] Seung M O, Seung S K, Lee J E, et al, 2003. Effect of additives on photocatalyt-
ic activity of titanium dioxide powders synthesized by thermal plasma [J]. Thin
Solid Films, 435 (1-2): 252-258.

[41] Stallings W E, Lamb H H, 2003. Synthesis of nanostructured titania powders via
hydrolysis of titanium isopropoxide in supercritical carbon dioxide [J]. Langmuir,
19 (7): 2989-2994.

[42] Takeda S, Prasad K, Hosono H, 2001. Photocatalytic TiO$_2$ thin film deposited
onto glass by DC magnetron sputtering [J]. Thin Solid Films, 392 (2):
338-344.

[43] Tang J, Redl F, Zhu Y M, et al, 2005. An organometallic synthesis of TiO$_2$ nan-
oparticles [J]. Nano Letters, 5 (3): 543-548.

[44] Trenczek-Zajac A, Radecka M, Jasinski M, et al, 2009. Influence of Cr on struc-
tural and optical properties of TiO$_2$: Cr nanopowders prepared by flame spray syn-
thesis [J]. Catalysis Today, 140 (1-2): 1-6.

[45] Turchi C S, Ollis D F, 1990. Photocatalytic degradation of organic water contami-
nants: mechanism involving hydroxyl radical attack [J]. Journal of Catalysis, 122
(1): 178-192.

[46] Um M H, Kumazawa H, 2000. Hydrothermal synthesis of ferroelectric barium
and strontium titanate extremely fine particles [J]. Journal of Materials Science,
35 (5): 1295-1300.

[47] Wachowski L, Grodzicki A, Piszczek P, et al, 2007. Activity of TiO$_2$ deposited

by the CVD method on ammoxidized surface of a carbonaceous material in hydrogenation of styrene [J]. Reaction Kinetics and Catalysis Letters, 91 (1): 93-99.

[48] Wang C, Deng Z X, Li Y D, 2001. The synthesis of nanocrystalline anatase and rutile titania in mixed organic media [J]. Inorganic Chemistry, 40 (20): 5210-5214.

[49] Wang Y Q, Cheng H M, Zhang L, et al, 2000. The preparation, characterization, photoelectrochemical and photocatalytic properties of lanthanide metal-ion-doped TiO_2 nanoparticles [J]. Journal of Molecular Catalysis A: Chemical, 151 (1-2): 205-216.

[50] Wilson G J, Will G D, Frost R L, et al, 2002. Efficient microwave hydrothermal preparation of nanocrystalline anatase TiO_2 colloids [J]. Journal of Materials Chemistry, 12 (6): 1787-1791.

[51] Yamashita H, Harada M, Misaka J, et al, 2003. Photocatalytic degradation of organic compounds diluted in water using visible light-responsive metal ion-implanted TiO_2 catalysts: Fe ion-implanted TiO_2 [J]. Catalysis Today, 84 (3-4): 191-196.

第2章 纳米 TiO₂ 光催化材料改性方法

2.1 金属离子的掺杂改性

离子掺杂是利用物理或化学方法，将离子引入 TiO_2 晶格结构的内部，从而在其晶格中引入新电荷、形成缺陷或改变晶格类型，影响光生电子和空穴的运动状况、调整其分布状态或者改变 TiO_2 的能带结构，最终导致 TiO_2 的光催化活性发生改变。离子掺杂修饰光催化剂 TiO_2 包括过渡金属离子、稀土金属离子和无机官能团离子以及其他离子。其中以过渡金属离子掺杂为主（刘守新等，2006）。

过渡元素金属存在多个化合价，在 TiO_2 晶格中掺杂少量过渡金属离子，即可在其表面产生缺陷或改变其结晶度，成为光生电子-空穴对的浅势捕获陷阱，使得 TiO_2 纳米晶电极呈现出 p-n 型光响应共存现象，从而延长电子-空穴的复合时间，降低复合概率（刘守新等，2006）。

在 TiO_2 材料表面上掺杂稀土元素、金属离子，可在 TiO_2 晶格中改变结晶度或引入缺陷等来改变粒子结构和表面性质，从而达到扩大光响应范围，促进光生电子和空穴的有效分离，提高催化剂的光催化活性（张金龙等，2015）。有研究表明（Vogel，1994）有效的金属离子掺杂应满足以下 2 个条件：

① 掺杂物应能同时捕获电子与空穴，使它们能够局部分离；

② 被捕获的电子与空穴应能被释放并迁移到反应界面。

掺杂离子提高 TiO_2 光催化效率的机理可以概括为以下 4 个方面（刘守新等，2006）：

① 掺杂可以形成捕获中心。价态高于 Ti^{4+} 的金属离子捕获电子，低于 Ti^{4+} 的金属离子捕获空穴，可以有效抑制电子与空穴复合；

② 掺杂可造成晶格缺陷，有利于形成更多的 Ti^{3+} 氧化中心；

③ 掺杂可以导致载流子扩散长度增大，从而延长了电子与空穴的寿命，抑制了复合；

④ 掺杂可以形成掺杂能级，使能量较小的光子能激发掺杂能级上捕获的电子与空穴，从而提高光子的利用效率。

Choi 等 (1994) 的研究发现在晶格中掺杂质量分数为 $0.1\%\sim0.5\%$ 的 Fe^{3+}、Mo^{5+}、Ru^{2+}、Os^{3+}、Re^{5+}、V^{4+}、Rh^{3+}，这些掺杂改性后的材料无论用于光氧化氯仿还是光还原四氯化碳，都能通过掺杂有效提高光催化剂的活性，而 Co^{3+} 和 Al^{3+} 的掺杂则降低了光催化活性，具有闭壳层电子结构的金属离子如 Zn^{2+}、Ga^{3+}、Zr^{4+}、Nb^{5+}、Sn^{4+}、Sb^{5+} 和 Ta^{5+} 等的掺杂对光催化活性影响则很小。Choi 等通过对掺杂机理的研究认为，掺杂物的浓度、掺杂离子的分布、掺杂能级与 TiO_2 能带匹配程度，掺杂离子 d 电子的组态、电荷的转移和复合等因素对催化剂的光催化活性都有直接影响。

Anpo 等 (2000) 对过渡金属离子施加高能电压加速去轰击商品化催化剂 TiO_2-JRC-4，然后在高温、氧气中煅烧制备了离子掺杂的 TiO_2。发现掺 Cr、V、Co、Fe、Ni、Mn 能使光催化剂产生可见光敏化，而掺杂离子的种类、掺杂量、加速电压的大小等因素会决定敏化效果的好坏。一系列的表征结果表明掺杂离子可能取代了 TiO_2 晶格中 Ti 的位置。对 NO 的光分解实验证明，V 和 Cr 掺杂催化剂在可见光下具有较高活性。

Li 等 (2001) 通过溶胶-凝胶法制备了 Au^{3+}/TiO_2，通过 XPS 测试出样品中的 Au 有三种存在形式，分别为 Au^{3+}、Au^+、Au^0。Au^{3+}、Au^+ 主要以 $Au_xTi_{1-x}O_2$ 的形式存在，Au^0 主要存在于催化剂的表面。改性后，Au^{3+}/TiO_2 吸收波长发生了蓝移，延长到了可见光区域，Li 等认为，由于 $Au_xTi_{1-x}O_2$ 的能级比 TiO_2 低，在可见光照射下，电子能从 $Au_xTi_{1-x}O_2$ 能级跃迁到 TiO_2 的导带，因此催化剂在可见光下能够使 MB 脱色并矿化。另外，存在于催化剂表面的 Au^0 有利于电子的转移，改善了电子-空穴的分离，使电子和空穴的复合率下降；Au^0 的存在使表面电子云密度下降，将有利于 O_2 的吸附，从而生成更多的活性物种，提高光催化反应的效率。

Xu 等（2002）通过溶胶-凝胶法制备了稀土元素（Gd^{3+}、Sm^{3+}、Ce^{3+}、Er^{3+}、Pr^{3+}、La^{3+} 和 Nd^{3+}）掺杂的 TiO_2，发现掺杂质量分数为 0.5% 的 Gd^{3+} 的催化效果最好。Sm^{3+}、Ce^{3+}、Er^{3+}、Pr^{3+}、La^{3+} 和 Nd^{3+}/TiO_2 对 NO_2^- 的光催化氧化是零级动力学过程，而 Gd^{3+}/TiO_2 是一级动力学过程，说明前者受电子-空穴复合控制，后者由于 Gd^{3+} 上的半充满构型及 Gd^{3+}/TiO_2 的光吸收特征有较高的光催化活性。掺杂适量的稀土元素有利于光吸收和底物的吸附，同时能促进生成羟基自由基（·OH），两者共同作用使其光催化活性高于未掺杂 TiO_2 的光催化活性。

周艺等（2002）制备了一系列掺杂稀土元素的 TiO_2 光催化剂。考察了稀土掺杂的 TiO_2 在太阳光下降解甲基橙，结果表明稀土元素的掺杂可显著提高 TiO_2 在太阳光下的光催化能力，且掺杂 Gd 效果最好，掺杂方式上共沉淀法好于浸渍法。降解机理可能与掺杂离子和 TiO_2 之间的能量传递过程有关。

Navío 等（1999）以 $TiCl_4$ 和 $Fe(acac)_3$（乙酰丙酮铁）为前驱体合成不同掺杂量（质量分数为 0.5%～5%）的 Fe/TiO_2，发现样品仅含锐钛矿相，有大量羟基，Fe 元素分布均匀。不同于浸渍法生成的 Fe/TiO_2，在掺杂量大时出现 Fe_2O_3 或 $FeTi_2O_5$ 矿，羟基较少。但 Navio 等发现上述方法制备的掺杂 TiO_2，活性不如以前浸渍法制备的样品。吴树新等（2005）分别用浸渍法和水解共沉淀法制备了光催化剂 MO_x/TiO_2（M 分别为 Cr、Mn、Fe、Co、Ni、Cu），结果表明浸渍法制备的催化剂对乙酸的光降解效率高于相应的水解共沉淀法。主要原因在于不同的制备方法，吸附氧在催化剂表面的分布不同。

Soria 等（1991）用共沉淀法和浸渍法制得的 Fe/TiO_2 在紫外光下催化水和氮气还原制备氨气。ESR 结果表明铁可作为光生电子的捕获体，表面羟基可使铁离子再生，如果表面羟基数量减少，催化剂几小时后会失活。

金属离子掺杂量一般存在一个最佳值，当掺杂量小于最佳值时，掺杂离子提供的捕获陷阱数量有限，对电子-空穴复合的抑制能力较弱；当掺杂量大于最佳值时，掺杂离子可能会成为电子-空穴对的复合中心，而且过大的掺杂量也可能使掺杂离子在 TiO_2 中达到饱和而产生新相，减少 TiO_2 的有效比表面积，从而降低光催化效率。另外，掺杂量影响 TiO_2 表面的空间电荷层厚度，其空间电荷层厚度随着掺杂量的增加而减少。只有当空间电荷层厚度近似等于入射光透过固体的深度时，所有吸收光子产生的电子-空穴对才能发生有效分离（张金龙等，2015）。

Zhu 等（2004，2006）研究了掺杂 Fe^{3+} 和 Cr^{3+} 的 TiO_2 对偶氮染料活性黄 XRG 的降解，发现 Fe^{3+} 的浓度为 0.4% 和 Cr^{3+} 的浓度为 0.2% 时降解效果最好。在一定掺杂浓度范围内，随着掺杂离子浓度的增加，光生电子-空穴对可以克服阻碍而复合。

Araña 等（2003）以硝酸铁、乙酰丙酮铁和 P25 为原料，采用浸渍法制备了不同 Fe 含量的 Fe/TiO_2。在对甲酸和马来酸酐的降解中发现，利用浸渍法以乙酰丙酮铁和 P25 为原料所制的 0.15% Fe/TiO_2 和 0.5% Fe/TiO_2 的样品对降解有利，推测可能生成了铁和甲酸、马来酸酐的配合物，降解后铁又回到催化剂的表面，从而可以持续使用。因此，P25 的混晶结构也是高活性的原因之一。而采用溶胶-凝胶法，以同样的原料制备的 Fe/TiO_2 光催化效果则不甚理想，在紫外光下活性较低，且铁和乙酸、丙烯酸形成的配合物是光惰性的，不易降解。

Tong 等（2008）以改进的溶胶-凝胶和水热处理相结合的方法制备不同形貌和晶相的铁掺杂的 TiO_2 球形材料，发现 Fe 的掺杂显著改善了 TiO_2 在可见光区的光吸收。掺杂产生的氧空位会形成点缺陷，并有利于对溶解氧、羟基和水的吸附，这些特征共同促使该催化剂在可见光下降解甲基橙有较高的光催化活性。

Paola 等（2002）将 $TiCl_3$ 在氨水的催化作用下通过水解法制得 TiO_2 粉体，然后采用浸渍法负载过渡金属。UV-Vis（紫外-可见光）漫反射光谱结果表明掺杂的 TiO_2 吸收谱带均有红移，可以延伸到可见光区域，其程度随掺杂量的增加而增加。在对 4-硝基苯酚的光催化降解中，浸渍法制备的样品的光催化活性不如纯 TiO_2，同时用所制备的材料降解甲酸、乙酸、苯甲酸，发现不同掺杂样品和纯 TiO_2 对不同的反应底物分别有较好效果。说明不同酸性底物的离解常数、脂肪族和芳香族不同的性质以及催化剂的零电位等因素都会对光催化产生影响。

2.2　非金属元素的掺杂改性

2001 年，Asahi 等在 Science 上首次提出了氮掺杂可使 TiO_2 具有可见光活性。氮元素可以取代 TiO_2 中少量晶格氧，使 TiO_2 的带隙变窄，在可见光区得到感应。之后掀起了非金属元素掺杂改性 TiO_2 的研究热潮，研究较多的为氮和碳两种元素（于涛，2010）。

2.2.1　氮元素的掺杂

目前制备氮掺杂 TiO_2 的主要方法有高温焙烧法、湿化学法、溅射法和机械化学法等（张金龙等，2015）。

各种方法的具体制备过程如下：

① 高温焙烧法是将 TiO_2 或其前驱体在空气或含氮气气氛中进行煅烧，通过控制焙烧温度等条件制备不同含 N 量的 $TiO_{2-x}N_x$；

② 湿化学法是采用含 Ti 的前驱体直接与无机氮源或者有机氮源反应，然后在一定温度下焙烧后制备得到 N 掺杂 TiO_2；

③ 溅射法是在真空下电离惰性气体形成等离子体，离子在靶偏压的吸引下轰击靶材，溅射出靶材离子沉积到基片上；

④ 机械化学法是指通过压缩、剪切、摩擦、延伸、弯曲、冲击等手段，对固体、液体、气体物质施加机械能，从而诱发这些物质的物理化学性质发生变化或使其与周围环境中的物质发生化学反应。

Irie 等（2003）采用在氨气流中煅烧锐钛矿型 TiO_2 的方法制备了 $Ti_{2-x}N_x$ 粉末，所得样品为均匀的锐钛矿相，其吸收光谱向可见光方向发生红移。笔者分析是 N 取代了 TiO_2 晶格中的部分氧原子，在价带上方形成了一个独立的窄的 N 2p 能带，这个窄能带能够对催化剂在可见光条件下的吸收产生影响。

Burda 等（2003）通过控制醇盐水解生成 TiO_2 的胶体，然后再用铵盐与 TiO_2 胶体反应，真空干燥后制备了 N 掺杂的 TiO_2。铵盐和胶体粒子的反应与粒子的粒径有关，当粒子的粒径<10nm 时 N 很容易进入 TiO_2 晶格，采用该方法能将 N 的掺杂量提高到 8%。Cong 等（2007）采用微乳液-水热法，以三乙胺为氮源，制备具有高可见光催化活性的 N 掺杂 TiO_2 纳米材料。采用该方法能实现 N 在 TiO_2 中的均匀掺杂，拉曼和 XPS 光谱等证明了 N 在 TiO_2 晶格中是以 O-Ti-N 以及 Ti-O-N 的形式存在的，这两种类型的 N 都能使 TiO_2 在可见光区域的吸收增强，提高其可见光催化活性。Sakthivel 等（2004）将钛酸异丙酯或四氯化钛与硫脲和乙醇混合，减压蒸

馏乙醇，然后通过焙烧得到 N 掺杂 TiO_2。研究结果表明，N 的掺杂使 TiO_2 的带隙变窄 $40\sim80meV$，催化剂在可见光下降解 4-氯苯酚有很好的光催化活性。

Asahi 等（2001）采用在氮气氩气、混合气体中溅射 TiO_2 的方法制备了 $Ti_{2-x}N_x$ 薄膜，XRD 分析显示该薄膜为锐钛矿和金红石的混晶。Asahi 在理论上计算了 N 掺杂 TiO_2 的能带结构，认为 N 原子能够取代 TiO_2 中的 O 原子，N 的掺杂使 TiO_2 可以吸收可见光。在可见光（波长＜500nm）照射下，N 掺杂的 TiO_2 对乙醛和亚甲基蓝的光催化降解和吸附活性明显增强，薄膜的表面亲水性也有所提高。计算结果表明 N 的掺杂导致价带氧的 2p 态与 N 的 2p 态混合，使 TiO_2 的带隙变窄，对可见光的响应增强。Lindgren 等（2003）用直流磁控溅射的方法在氧气、氮气以及氩气气氛中制备了氮掺杂的 TiO_2 薄膜。在可见光照射下，N 掺杂 TiO_2 薄膜的光电响应都有所增强。结果表明 N 的掺杂在靠近价带上方的位置引入了一个新能级。

Yin 等（2003）以 P25 和六亚甲基四胺为原料，通过高能球磨的机械化学方法制备了 N 掺杂的 TiO_2，N 的掺杂使催化剂在可见光区域的吸收明显增强，在波长＞510nm 的可见光照射下仍能有效氧化 NO。

N 掺杂 TiO_2 的研究引起了广泛的关注，然而 N 的掺杂使 TiO_2 可吸收可见光的原因以及 N 在其中的存在形式目前还存在争议。

Torres 等（2004）研究了 N 掺杂 TiO_2 氧化水的光电化学行为，发现在紫外光照射下产生的光电流和氧化水的能力远高于可见光，认为在可见光条件下，电子能够从杂质能级激发到导带从而使掺杂 TiO_2 具有可将光性。Nakamura 等（2004）也发现 N 掺杂 TiO_2 在紫外光下能氧化 SCN^-、Br^-，而在可见光下却没有氧化能力。他们也认为 N 的掺杂只是在 TiO_2 价带上方出现了一个杂质能级。Lin 等（2005）计算了 N 掺杂 TiO_2 的电子带隙结构和吸收光谱。N 取代 O 使 N 2p 位于价带 O 2p 的上方，吸收光谱在 $400\sim500nm$ 之间。结果显示当 N 掺杂量达到 12.5％时，N 2p 仍然位于略高于价带 O 2p 的上方，如果 N 2p 和 O 2p 混合构成价带，N 的掺杂量至少得达到 20％，实际上这样高的 N 掺杂会形成 TiN，已经改变了 TiO_2 本身的性质。Batzill 等（2006）用低能 N 离子注入的方式制备了 N 掺杂的锐钛矿单晶 TiO_2 和金红石单晶 TiO_2，用紫外光电子能谱证实了在 N 掺杂的锐钛矿 TiO_2 单晶中，价带上方形成了 N 2p 中间态，TiO_2 的带隙并没有减少。而对于 N 掺杂的金红石单晶，N 掺杂却使吸收光谱蓝移了 0.4eV。

Ihara 等（2003）认为反应过程中 N 取代晶界上的氧空位，阻止氧空位再次氧化，这是 N 掺杂的光响应范围扩展到可见光区域的关键。通过等离子体加热处理纳米 TiO_2 的方法，制得有氧缺陷位的纳米 TiO_2，实验表明氧缺陷型纳米 TiO_2 具有明显的可见光活性。通过计算其电子密度函数，证明氧空位的存在能够在导带下方形成一个窄带。Serpone 等（2006）、Kuznetsov 等（2006）、Kuznetsov 等（2009）也认为非金属掺杂形成的 O 空位是催化剂具有可见光吸收的主要原因。EPR、UPS 和 DFT 计算都表明 N 掺杂的 TiO_2 能够形成 O 空位。O 空位和掺杂的 N 之间有相互作用，O 空位能稳定 N。当 O 空位和 N 同时存在时，电子能从高能级 Ti 的 3d 轨道流向低能级的 N 2p 轨道。

理论计算和实验都已证明 N 掺杂的 TiO_2 可以吸收可见光，但 N 物种的存在形式和对可见光的影响程度仍存在着争议。EPR 和 XPS 是表征 N 存在形式的主要手段。对于 N 掺杂的 TiO_2 XPS 结果显示有两种物种，其结合能分别位于 396eV 和 400eV（张金龙等，2015）。Asahi 将 396eV 的峰归属于 N 掺入晶格取代 O 形成了 Ti—N 键，400eV 的峰归属于 TiO_2 表面化学吸附的氮气，还提出 N 掺杂只有取代晶格中的 O 才能使催化剂有可见光活性。Valentin 等（2005）用 EPR 结合 DFT 计算研究了溶胶-凝胶法制备的 N 掺杂 TiO_2。提出的两种氮掺杂模型为取代氮和间隙氮。在取代氮模型中，一个 N 原子与三个 Ti 原子相连，取代 TiO_2 中的一个晶格氧。这个 N 原子以负电荷形式存在，电荷数为 1。在间隙氮模型中，N 原子与一个或多个 O 原子相连，因此是以正电荷形式存在。这两种氮的存在与制备条件有关，如空气中的氧浓度和制备过程中的焙烧温度等。在过量的氧气和氮气存在下有利于间隙氮的生成，而在较高的温度焙烧后，取代形式的氮和氧空穴则比较容易生成。电子能够从定域的杂质能级激发到导带，这使 TiO_2 的吸收边向较低的能级方向偏移，从而有利于提高 TiO_2 的可见光催化活性。

2.2.2 碳元素的掺杂

目前常用的 C 掺杂方法主要有 TiC 氧化法、TiO_2 或其前驱体在含碳氛围中煅烧或者直接与碳源混合焙烧、钛的前驱物和含碳的物种反应焙烧法、气相化学沉积法（张金龙等，2015）。

Irie 等（2003）通过加热氧化 TiC 粉末的方法制备 C 掺杂的锐钛矿型 TiO_2 粉末，结果显示 C 原子不仅存在于 TiO_2 表面，而且掺杂到了体相，形成了 Ti—C 键。C 掺杂 TiO_2 的吸收边发生了明显的红移，在可见光区域有吸收。通过考察 C 掺杂 TiO_2 在可见光激发下光催化氧化 2-丙醇，测得量子产率为 0.2%，Irie 等认为可见光活性低是 C 掺杂量低所致。Shen 等（2006）在不同温度下氧化 TiC 制备了 C 掺杂的 TiO_2，C 的掺杂量与氧化温度有关，350℃焙烧的样品含 0.7%的 C，所制备的催化剂在可见光下降解三氯乙酸活性最好。

Ohno 等（2004）将 ST-01 锐钛矿 TiO_2 与硫脲和尿素混合后焙烧得到了 C 掺杂的 TiO_2，认为 C 元素以 CO_3^{2-} 存在，催化剂在可见光区的吸收边红移至 700nm，而且催化剂在紫外光和可见光下降解亚甲基蓝的活性都高于相应的未掺杂 TiO_2。Li 等（2005）将 $TiCl_4$ 控制水解后的沉降物采用 KOH 处理，干燥后在丁烷中过饱和再焙烧制备了 C 掺杂 TiO_2。在人工太阳能光源辐射下，碳掺杂对苯具有显著的可见光催化降解能力。Li 等认为 C 掺杂导致氧空位和三价钛离子的形成，氧空位的存在是催化剂能够吸收可见光的主要原因。

Kisch 等（2003）利用 $TiCl_4$ 在四丁基氢氧化铵中水解，然后高温焙烧制备了 C 掺杂的锐钛矿 TiO_2，其中 C 是以碳酸盐的形式掺杂的，C 的掺杂使催化剂在 400～700nm 波长范围内产生了新的吸收，C 掺杂的 TiO_2 对 4-氯苯酚和偶氮染料都有良好的降解能力。Ren 等（2007）利用无定形 TiO_2 在葡萄糖水溶液中直接用水热的方法制备了 C/TiO_2，在可见光下降解罗丹明 B 的活性要远高于未掺杂的 TiO_2 和 P25。

Wu 等用钛酸正丁酯作钛源和碳源，在流动的氩气中气相沉积制备了 C 掺杂的 TiO_2 小球和高度有序的 TiO_2 纳米管，考察了制备条件中载气流速、温度、基底对形貌的影响。结果表明 C 掺杂的 TiO_2 对可见光有吸收，在可见光下 C 掺杂的 TiO_2 小球产生的光电流要比 P25 高。

学者们对 C 掺杂的 TiO_2 在引起可见光吸收的原因以及 C 物种的存在形式有分歧。例如，Choi 等（2004）认为 C 的掺杂在带隙引入了杂质能级导致了红移。Valentin 等（2005）用 DFT 对 C 掺杂的 TiO_2 进行了研究，认为 C 的掺杂有两种形式，C 取代 O 和 C 取代 Ti，C 掺杂的形式与体系的化学环境相关。当 C 掺杂量低时，在贫氧的环境下，容易形成 C 取代 O 位以及 O 空位，而在富氧的条件下，C 间隙取代 O 和 C 直接取代 Ti 这两种情况都能发生，C 间隙取代 O 可以在 TiO_2 带隙内引入掺杂能级，使其对光的吸收发生红移，而 C 直接取代 Ti 不引起带隙的改变，不会引起可见光的吸收。C 的掺杂能够在 TiO_2 体相内形成 O 空位。Kamisaka 等（2005）对 C 掺杂的 TiO_2 计算结果也说明 C 直接取代 Ti 不会使 TiO_2 吸收可见光，而 C 取代 O 在带隙中引入了杂质能级（C 2p）是 C 掺杂的 TiO_2 吸收可见光的主要原因。他们认为由 C 掺杂所形成的 O 空位对光催化是不利的，光激发的电子可能先被氧空位俘获而不会到达导带。

Zabek 等（2009）研究 C 改性的 TiO_2 后认为该催化剂对可见光的吸收并非来源于 C 取代 Ti 或间隙掺杂取代 O，而是表面含有芳烃的有机 C 物种，当将此 C 物种从催化剂表面去除后，对可见光的吸收变弱，催化剂的活性显著下降。该研究对已有研究报道的 C 掺杂的 TiO_2 提出了质疑，认为 C 改性的 TiO_2 的可见光活性来自表面含 C 物种的敏化作用。

2.3 共掺杂改性的研究

有研究发现，对 TiO_2 进行两种元素共掺杂或多元复合得到的催化剂往往比单一元素掺杂具有更好的光催化性能。目前研究较多的有两种金属离子共掺杂、两种非金属离子共掺杂、金属与非金属共掺杂改性的 TiO_2 光催化剂（张金龙等，2015）。

2.3.1 两种金属离子共掺杂改性

不少研究表明两种金属离子共掺杂改性具有协同作用。掺入的一种金属离子起扩展 TiO_2 的光响应范围的作用，而另一种金属离子则充当光生电子或者空穴的捕获陷阱，减少电子和空穴的复合概率，两种金属离子协同作用导致光催化性能提高（张金龙等，2015）。

陆诚等（2002）采用溶胶-凝胶法制备了 Fe^{3+} 和 V^{5+} 共掺杂的 TiO_2 光催化剂，Fe^{3+} 可以成为电荷陷阱，促进空穴的界面传递反应，适量掺

V^{5+} 使 TiO_2 电极的光电流升高，导带中电子浓度增大，加快了界面的电子传递反应。两者之间的协同作用提高了光催化性能。

Yang 等（2002）采用溶胶-凝胶法制备了 Fe^{3+} 和 Eu^{3+} 共掺杂的纳米 TiO_2，考察了催化剂在可见光下降解氯仿的光催化活性。结果表明，适当比例的 Fe^{3+} 和 Eu^{3+} 共掺杂表现出协同效应，光催化活性显著提高。他们认为两种共掺杂离子分别起不同的作用，Fe^{3+} 充当空穴的捕获陷阱，Eu^{3+} 充当电子的捕获陷阱，促进了光生电子空穴对的分离。两者的协同作用使得共掺杂 TiO_2 的光催化性能提高。

2.3.2 两种非金属离子共掺杂改性

研究报道的两种非金属共掺杂元素主要有 N-C、N-S、N-F、N-B、N-P 等。两种非金属的共掺杂能够使 TiO_2 在可见光区域具有更强的吸收，还能影响催化剂表面性质和电子性质，如形成表面氧空位、提高表面酸性、增大比表面积等。这些表面性质的改变有利于提高 TiO_2 在可见光区域的光催化活性（张金龙等，2015；Wu 等，2009；Zhou 等，2007）。

Cong 等（2006）通过微乳液-水热法合成了 N 和 C 共掺杂的 TiO_2。N 掺杂后在靠近价带上方形成杂质能级使带隙变窄。C 单独掺杂时的能级位于带隙中价带上方较高的位置，形成深的捕获陷阱不利于电子的转移；与 N 共同掺杂后，能够使其能级与 N 的能级有效连接，从而使 TiO_2 的带隙变得更窄。因此，N 与 C 共同掺杂产生了协同作用，能够更有效地利用可见光，提高 TiO_2 在可见光下的催化效率。

Li 等（2008）以硫脲为氮源和硫源，用溶胶-凝胶法制备了 N 和 S 共掺杂的 TiO_2。该催化剂在可见光区的吸收明显好于单掺杂的 TiO_2，在可见光下降解盘尼西林溶液有较高的话性。Yu 等（2006）的研究表明硫氮共掺杂的 TiO_2 在可见光区有强吸收，且光吸收带边产生红移。$400 \sim 700℃$ 制备的硫氮共掺杂 TiO_2 光催化降解乙醛活性明显高于 P25，尤其是在太阳光下，共掺杂 TiO_2 的光催化活性是 P25 的 10 倍。

Li 等（2005）采用 $TiCl_4$ 和 NH_4F 为原料，通过喷雾热分解法制备了 N 和 F 共同掺杂的具有多孔的 TiO_2 球形粒子。喷雾热分解温度是影响 N 和 F 共掺杂浓度的重要因素，N 和 F 共同掺杂能够产生协同作用：N 的掺杂能够提高催化剂在可见光区域的吸收；F 的掺杂能够促进表面酸性位和新的活性位的形成、增加光生电子的活动性。因此，N 和 F 的共同掺杂提高了催化剂在可见光下的光催化活性。Hung 等（2006）用溶胶-凝胶法与溶剂热法制备了 N 和 F 共掺杂的 TiO_2，考察了 pH 值和不同溶剂对制备条件的影响。结果表明 N 和 F 共掺杂的 TiO_2 的表面有很强的酸性并在可见光区有较强的吸收，在可见光下降解苯酚和罗丹明 B 显示了较高的光催化活性。Di Valentin 等（2008）用 DFT 理论计算与实验的方法对 N 和 F 共掺杂的 TiO_2 进行了研究，结果表明在 F 存在的条件下能够使 N 掺入 TiO_2 的晶格，并且在晶格中形成一定数量的氧空位，这些氧空位可能是导致 N 和 F 共掺杂 TiO_2 具有较高可见光催化活性的原因。

除了 N 和其他非金属元素共掺杂外，B 和 S、B 和 F 以及 C 和 F 共掺杂的 TiO_2 也有报道。魏凤玉等（2007）研究硼硫共掺杂纳米 TiO_2（B-S-TiO_2）表明，硼硫共掺杂催化剂对可见光吸收增强，吸收边明显红移，太阳光降解甲基橙溶液活性明显高于硼硫单掺杂 TiO_2 催化剂。他们认为硼硫共掺杂 TiO_2 中，掺杂的硼以 B^{3+} 进入 TiO_2 晶格，导致 TiO_2 晶格畸变，带隙变窄，而且掺杂的硼和硫还能提高 TiO_2 的表面酸度和对可见光的吸收，两者之间存在协同效应。Lim 等（2008）用 TiF_4 作 Ti 源和 F 源，葡萄糖作 C 源，以水热法合成了 C 和 F 共掺杂的 TiO_2，F 掺杂能够使空穴直接氧化表面吸附的水形成羟基自由基（·OH），表面形成的 CF_x 能够使 TiO_2 表面的疏水性增强，抑制水分子的吸附而增加苯乙烯分子的吸附，在流化床反应器中，在可见光和紫外光下降解苯乙烯都有较高的活性。

2.3.3　金属与非金属共掺杂改性

研究表明，金属与非金属共掺杂改性也能产生协同作用，非金属掺杂有利于提高催化剂在可见光区域的吸收，金属掺杂或贵金属沉积能够有效分离电荷，提高光催化效率。

Ye 等（2007）采用均匀沉淀-水热的合成方法制备了氮和过渡金属离子 Fe^{3+} 共掺杂的纳米 TiO_2 光催化剂，N^-、Fe^{3+} 共掺杂的 TiO_2 在可见光和紫外光下的活性与纯 TiO_2 相比都有了提高，且 Fe^{3+} 的掺杂浓度存在最佳值。N^-、Fe^{3+} 共掺杂的 TiO_2 在可见光下活性明显提高的原因是：一方面 N 和 Fe^{3+} 共同作用使 TiO_2 的带隙变得更窄，从而增强了对可见光的吸收；

另一方面促进了电子和空穴的分离，提高了光生载流子的分离效率。

Hirotaka 等（2007）先用钛酸异丙酯和硅酸乙酯在甘油中以溶剂热法制备了 Si 掺杂的 TiO_2，高温下用氨气煅烧后得到 N 和 Si 共掺杂的 TiO_2；然后再将 Fe 负载在共掺杂的 TiO_2 表面，在可见光下考察了气相降解乙醛的活性。结果表明，只将 Fe 负载在不含 N 的 Si 掺杂 TiO_2 的活性很差，而 Fe 负载 N 和 Si 共掺杂的 TiO_2 上，活性提高了 10 倍，负载在表面的 Fe 可以有效地传递电子而抑制光生电子和空穴的复合，从而提高光催化活性。

Liu 等（2008）用改性的溶胶-凝胶法制备了 Ce-N 共掺杂的 TiO_2 催化剂，结果表明催化剂的晶相为锐钛矿相，当 Ce/Ti 为 3.0％时才出现 CeO_2 晶体，Ce 的掺杂能增加 TiO_2 的热稳定性。与未掺杂的 TiO_2 以及单独掺 N 的 TiO_2 相比，Ce-N 共掺杂的 TiO_2 催化剂在 $400\sim500nm$ 有很好的吸收，在可见光下降解甲基橙的催化活性明显提高。

Yang 等（2007）以钛酸异丙酯、硫脲、尿素、乙酰丙酮钒为前驱物，用溶胶-凝胶法制备了 V 和 C 共掺杂的 TiO_2。V 和 C 共掺杂 TiO_2 的吸收边红移至 800nm，C 物种作为光敏化剂将可见光下激发的电子注入 TiO_2 导带，掺入晶格的 V^{4+} 能够在 TiO_2 带隙引入杂质能级，在可见光照射下 V^{4+} 的 3d 电子也注入 TiO_2 导带。两者共同作用加快了电子传递的速率，抑制了电子与空穴的复合，该催化剂在可见光下降解乙醛显示了很高的活性。

Gao 等（2006）先用氨水沉淀四氯化钛得到了 N/TiO_2，然后将 N/TiO_2 在钨酸溶液中浸渍后在 450℃焙烧，制备了负载 WO_3 的 N/TiO_2。Gao 等认为负载 WO_3 后在 TiO_2 表面形成了 N—W—O 键，N—W—O 键和掺入晶格形成的 O—Ti—N 键能够有效地利用紫外光和可见光，表面单层覆盖的 WO_3 也能促进电荷的分离，其中 3％的 $WO_3/N—TiO_2$ 在紫外光和可见光下降解对氯苯酚的活性都高于 TiO_2 和 N/TiO_2。

Zhou 等（2007）用浸渍和光沉积法制备了 Pt-N 共掺杂的 TiO_2，结果表明 N 以 N—Ti—O 键掺入了晶格，Pt 原子负载在 TiO_2 表面，N 的掺杂使 TiO_2 带隙变窄并在可见光区有很好的吸收，在可见光下降解 NO_x 显示了良好的光催化活性和稳定性。

2.4 贵金属沉积的改性

贵金属修饰 TiO_2 通过改变体系中的电子分布，从而影响 TiO_2 的表面性质并改善其光催化活性（Martra，2000）。通常来说，沉积贵金属的功函数要高于 TiO_2 的功函数，因此将两种材料连结在一起时电子就会不断地从 TiO_2 向沉积的贵金属迁移，直到两者的费米能级相等为止。在两者接触之后形成的空间电荷层中，TiO_2 表面上的负电荷会完全消失，金属表面将获得多余的负电荷，进而大大提高光生电子输运到吸附氧的速率。此外，半导体的能带将弯向表面并生成损耗层，在贵金属与 TiO_2 界面上形成能俘获电子的浅势陷阱，进一步起到抑制光生电子与空穴复合的作用（Serpone 等，2000）。贵金属沉积对 TiO_2 光催化活性影响的机理仍处于推理与假设的阶段，也有研究认为催化剂活性的改变是由催化剂的光吸收性质或对有机物的吸附性质改变所引起的。常用的贵金属主要包括 Pt、Pd、Rh、Ag、Au、Ru 等贵金属，其中有关 Pt、Pd 和 Au 的研究最多（程沧沧等，1998；蒋伟川等，1998），其中 Pt 改性效果虽然最好，但成本较高。Ag 改性相对成本较低，且毒性较小，因此如何制备高活性的 Ag 改性 TiO_2 将会是提高 TiO_2 贵金属沉积活性的主要研究方向。

Miner 等（1999）以 $C_2H_5NH_2$、$(C_2H_5)_2NH$、$OHC_2H_4NH_2$ 为模型化合物，研究了 Ag 沉积改性不同类型 TiO_2 的光催化效果，结果表明在 Ag 担载量相同的条件下，TiO_2 比表面积越大，负载 Ag 后的催化效果越好。Matthews 等（1998）通过光催化降解大肠杆菌（*Escherichia coli*），验证了 TiO_2 负载 Ag 的高活性和安全性。该课题组还以 Astrazone Orange G 的光催化降解为模型反应，分别在柠檬酸盐、Cl^-、SO_4^{2-}、NO_3^-、$C_2O_4^{2-}$、CO_3^{2-}、SO_3^{2-}、HPO_4^{2-} 和乙酸盐存在的条件下比较 TiO_2 和 Ag/TiO_2 活性，除在 CO_3^{2-}、SO_3^{2-} 两种离子体系中 TiO_2 和 Ag/TiO_2 都失活外，其他体系中下 Ag/TiO_2 明显表现出比 TiO_2 高的活性，且不受存在的无机离子影响（Teruhisa 等，1999）。

Kraentler 提出了 Pt/TiO_2 颗粒微电池模型，由于 Pt 的费米能级低于 TiO_2 的费米能级，当它们接触后，电子就从 TiO_2 粒子表面向 Pt 扩散，使 Pt 带负电，而 TiO_2 带正电，结果 Pt 变为负极，TiO_2 成为正极，构成了一个短路的光化学电池,使得光催化氧化反应顺利进行。徐安武等采用溶胶-凝胶法制备掺杂 Pd 的 TiO_2 粒子,对其活性考察结果表明,Pd 掺入可有效扩展 TiO_2 光谱谐响应范围,尤其可以提高可见光利用率,对 NO_2^- 的光催化氧化活性显著提高。

贵金属沉积改性 TiO_2 对有机物的光催化降解具有明显的选择性。在 TiO_2 表面沉积金属能明显提高对一些有机物的降解速率,但有时沉积同样贵金属的光催化剂却对另外一些有机物的降解产生抑制作用。如在 TiO_2 表面上沉积 0.5%(质量分数)Au+0.5%(质量分数)Pt,可以明显提高水杨酸的降解速率,但在相同的条件下,降解乙醇的速率却明显低于 TiO_2(Dawson 等,2001)。因此,对于特定的有机污染物光催化处理体系,确定适宜的沉积贵金属种类对于切实提高 TiO_2 光催化活性至关重要。

2.5 复合半导体改性

复合半导体改性实际上是半导体颗粒对 TiO_2 的另一种修饰。通过半导体复合可以有效提高整个材料体系的电荷分离效果,同时扩展 TiO_2 的光谐响应范围。半导体的复合方式包括掺杂、简单的组合、异相组合和多层结构等。

采用能隙较窄的铜化物、硒化物、硫化物等半导体来修饰 TiO_2,会因混晶效应从而提高催化活性。例如,V_2O_8-TiO_2(Tanaka 等,2000)、WO_3-TiO_2(Mario,1993;刘守新等,2001)、SnO_2-TiO_2(Sambrano 等,2005)、CdS-TiO_2(Kang 等,1999)、MoO_3-TiO_2(刘守新等,2001)、Cd_3P_2-TiO_2 等。以 CdS-TiO_2 复合体系为例,图 2-1 为 CdS-TiO_2 体系复合后的电子跃迁图。

由图 2-1 可以看出,在大于 387nm 的光子辐射下,激发能虽难以激发复合光催化剂中的 TiO_2,但却可以激发 CdS,使其发生电子跃迁。光激发后产生的空穴会留在 CdS 的价带,电子则会跃迁到 TiO_2 的导带上。这种电子从 CdS 向 TiO_2 的迁移,不仅大大扩宽了 TiO_2 的光谱响应范围,而且有效地减少了光生电子-空穴的复合概率,从而提高了光催化剂的量子效率(刘守新等,2006)。锐钛矿型 TiO_2 在一定温度下可转变为金红石相,适当的煅烧处理条件可以得到二者以适当比例共存的复合半导体。因二者能级

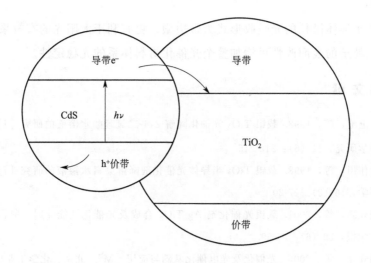

图 2-1 CdS-TiO$_2$ 复合半导体电子跃迁示意

的差异，价带空穴向金红石相移动，而导带电子则流向锐钛矿晶型 TiO$_2$，从而降低光生电子-空穴的复合概率，因此该复合体在某些反应中可以表现出比单纯锐钛矿 TiO$_2$ 更好的光感应活性。

以粗孔的球形硅胶为载体，以淀粉改性或用涂覆法的聚甲基丙烯酸酯作为多孔固定床，制备 TiO$_2$/SiO$_2$ 光催化剂的活性测试结果表明，该改性方法不仅解决了粉体 TiO$_2$ 的分离难题，而且在一定程度上提高了 TiO$_2$ 的光催化活性。

TiO$_2$ 材料与具有较发达孔结构和较大比表面积的绝缘体进行复合，载体能够从溶液中吸附大量的有机分子，从而为 TiO$_2$ 提供高浓度的反应环境，进而增加光生空穴以及自由基与有机分子的碰撞概率，提高光催化的效率。其中包括活性炭、SiO$_2$、黏土等，Matthews 等（1998）将光催化剂 TiO$_2$ 与活性炭按质量比为 5 : 1 的比例混合，在对 4-氯苯酚进行处理时发现，除去温度效应，二者的光催化降解速率最高可达单纯 TiO$_2$ 的 2.4 倍，几次循环后催化剂活性不减。刘守新等（2001）以钛酸四丁酯为原料在活性炭表面进行醇解生成 TiO$_2$，制成 TiO$_2$/活性炭复合材料，并研究了 TiO$_2$、活性炭含量变化对复合材料吸附以及光降解速率的影响，结果表明二者复合后存在促进的协同作用。

复合半导体与其他改性方法相比具有很多优点。

① 通过改变粒子大小，可以很容易地调节半导体的带隙宽度和光谱吸

收范围;

② 半导体微粒的光吸收形式为带边型,更有利于太阳光的有效采集;

③ 粒子的表面改性可增加整个光催化材料体系的光稳定性。

参考文献

[1] 程沧沧, 等, 1998. 载银 TiO_2 光催化降解 2,4-二氧苯酚水溶液的研究 [J], 环境科学研究, 11 (6): 212-215.

[2] 蒋伟川, 等, 1998. 载银 TiO_2 半导体光催化剂降解染料水溶液的研究 [J]. 环境科学, 16 (2): 17-20.

[3] 刘守新, 等, 2001. 载银光催化剂 Ag-TiO_2 合成及光催化性能 [J]. 东北林业大学学报, 29 (6): 56-59.

[4] 刘守新, 等, 2006. 光催化及光电催化基础与应用 [M]. 北京: 化学工业出版社.

[5] 陆诚, 等, 2002. Fe^{3+}/V^{5+}/TiO_2 复合纳米微粒光催化性能的研究 [J]. 化学研究与应用, 14 (3): 265-268.

[6] 魏凤玉, 等, 2007. 硼硫共掺杂 TiO_2 的光催化性能及掺杂机理 [J]. 催化学报, 28 (10): 905-909.

[7] 吴树新, 等, 2005. 掺铜 TiO_2 光催化剂光催化氧化还原性能的研究 [J]. 感光科学与光化学, 23 (5): 333-339.

[8] 于涛, 2010. TiO_2 基可见光响应纳米光催化剂的制备、表征分析及性能研究 [D]. 天津: 天津大学.

[9] 张金龙, 等, 2015. 光催化 [M]. 上海: 华东理工大学出版社.

[10] 周艺, 等, 2002. RE/TiO_2 纳米粒子在自然光下的催化氧化性能 [J]. 中南工业大学学报, 33 (4): 371-373.

[11] Anpo M, 2000. Applications of titanium oxide photocatalysts and unique second-generation TiO_2 photocatalysts able to operate under visible light irradiation for the reduction of environmental toxins on a global scale [J]. Studies in Surface Science and Catalysis, 130: 157-166.

[12] Araña J, et al, 2003. Role of Fe^{3+}/Fe^{2+} as TiO_2 dopant ions in photocatalytic degradation of carboxylic acids [J]. Journal of Molecular Catalysis A: Chemical, 197: 157-171.

[13] Asahi R, et al, 2001. Visible-light photocataly-sis in nitrogen-doped titanium oxides [J]. Science, 293 (5528): 269-271.

[14] Batzill M, et al, 2006. Influence of nitrogen doping on the defect formation and surface properties of TiO_2 rutile and anatase [J]. Physical Review Letters, 96

(2): 026103/1-026103/4.

[15] Burda C, et al, 2003. Enhanced Nitrogen Doping in TiO_2 Nanoparticles [J]. Nano Letters, 3: 1049-1051.

[16] Choi W, et al, 1994. The role of metal ion dopants in quantum-size TiO_2 correlation between photoreactivity and charge carrier recombination dynamics [J]. The Journal of Physical Chemistry, 98 (51): 13669-13679.

[17] Choi Y, et al, 2004. Fabrication and characterization of C-doped anatase TiO_2 photocatalysts [J]. Journal of Materials Science, 39 (5): 1837-1839.

[18] Cong Y, et al, 2006. Carbon and nitrogen-codoped TiO_2 wih high visible light photocatalytic activity [J]. Chemistry Letters, 35 (7): 800-801.

[19] Cong Y, et al, et al, 2007. Synthesis and Characterization of Nitrogen-Doped TiO_2 Nanophotocatalyst with High Visible Light Activity [J]. The Journal of Physical Chemistry C, 111 (19): 6976-6982.

[20] Dawson Amy, et al, 2001. Semiconductor-metal nanocomposites photoinduced fusion and photocatalysis of gold-capped TiO_2 (TiO_2/gold) nanoparticles [J]. The Journal of Physical Chemistry B, 105 (5): 960-966.

[21] Di Valentin C, et al, 2005. Characterization of Paramagnetic Species in N-Doped TiO_2 Powders by EPR Spectroscopy and DFT Calculations [J]. The Journal of Physical Chemistry B, 109: 11414-11419.

[22] Di Valentin C, et al, 2008. Density functional theory and electron paramagnetic resonance study on the effect of N-F co-doping of TiO_2 [J]. Chemistry of Materials, 20 (11): 3706-3714.

[23] Gao B F, et al, 2006. Great enhancement of photocatalytic activity of nitrogen-doped titania by coupling with tungsten oxide [J]. The Journal of Physical Chemistry B, 110 (29): 14391-14397.

[24] Hirotaka O, et al, 2007. Marked promotive effect of iron on visible-light-induced photocatalytic activities of nitrogen- and silicon-codoped titanias [J]. The Journal of Physical Chemistry C, 111 (45): 17061-17066.

[25] Hung D, et al, 2006. Preparation of visible-light responsive N-F-codoped TiO_2 photocatalyst by a sol-gel-solvothermal method [J]. Journal of Photochemistry and Photobiology A-Chemistry, 184 (3): 282-288.

[26] Ihara T, et al, 2003. Visible-light-active titanium oxide photocatalyst realized by an oxygen-deficient structure and by nitrogen doping [J]. Applied Catalysis B: Environmental, 42 (4): 403-409.

[27] Irie H, et al, 2003a. Nitrog entration dependence on photocatalytic activity of

$TiO_{2-x}N_x$ powders [J]. The Journal of Physical Chemistry B, 107 (23): 5483-5486.

[28] Irie H, et al, 2003b. Carbon-doped anatase TiO_2 powders as a visible-light sensitive photocatalyst [J]. Chemistry Letters, 32 (8): 772-773.

[29] Kamisaka H, Adachi T, Yamashita K, 2005. A theoretical study of the structure and optical properties of carbon-doped rutile and anatase titanium oxides [J]. the Journal of Chemical Physics, 123: 084704.

[30] Kang, Man Gu, Hyea-Eun Han, et al, 1999. Enhanced photodecomposition of 4-chlorophenol in aqueous solution by deposition of cds on TiO_2 [J]. Journal of Photochemistry and Photobiology A, 125 (3): 119-125.

[31] Kuznetsov V N, Serpone N, 2006. Visible light absorption by various titanium dioxide specimens [J]. The Journal of Physical Chemistry B, 110 (50): 25203-25209.

[32] Kuznetsov V N, Serpone N, 2009. On the origin of the spectral bands in the visible absorption spectra of visible-light-active TiO_2 specimens analysis and assignments [J]. The Journal of Physical Chemistry C, 113 (34): 15110-15123.

[33] Li D, Haneda H, Hishita S, et al, 2005. Visible-light-driven n-f-codoped TiO_2 photocatalysts. 1. synthesis by spray pyrolysis and surface characterization [J]. Chemistry of Materials, 17 (10): 2588-2595.

[34] Li X, Xiong R, Wei G, 2008. CS-N co-doped TiO_2 photocatalysts with visible-light activity prepared by sol-gel method [J]. Catalysis Letters, 1-2 (125): 104-109.

[35] Li X Z, Li F B, 2001. Study of Au/Au^{3+}-TiO_2 photocatalysts toward visible photo-oxidation for water and wastewater treatment [J]. Environmental Science & Technology, 35 (11): 2381-2387.

[36] Li Y, Hwang D, Lee N H, et al, 2005. Synthesis and characterization of carbon-doped titania as an artificial solar light sensitive photocatalyst [J]. Chemical Physics Letters, 404: 25-29.

[37] Lim M, Zhou Y, Wood B, et al, 2008. Fluorine and carbon codoped macroporous titania microspheres: highly effective photocatalyst for the destruction of airborne styrene under visible light [J]. The Journal of Physical Chemistry C, 112: 19655-19661.

[38] Lin Z, Orlov A, Lambert R M, et al, 2005. New insights into the origin of visible light photocatalytic activity of nitrogen-doped and oxygen-deficient anatase TiO_2 [J]. the Journal of Physical Chemistry B, 109 (44): 20948-20952.

［39］　Lindgren T，Mwabora J M，Avendano E，et al，2003. Photoelectrochemical and Optical Properties of Nitrogen Doped Titanium Dioxide Films Prepared by Reactive DC Magnetron Sputtering ［J］. The Journal of Physical Chemistry B，107：5709-5716.

［40］　Liu C，Tang X，Mo C，et al，2008. Characterization and activity of visible-light-driven TiO_2 photocatalyst codoped with nitrogen and cerium ［J］. Journal of Solid State Chemistry，181 (4)：913-919.

［41］　Mario Schiaveuo，1993. Some working principles of heterogeous photocatalysis by semiconductors ［J］. Electrochemical Acta，38 (1)：1056-1062.

［42］　Martra G，2000. Lewis acid and base sites at the surface of microcrystalline tio_2 anatase：relationships between surface morphology and chemical behaviour ［J］. Applied Catalysis A，200 (2)：1275-1283.

［43］　Matthews R，1998. Hydroxylation reaction induced by near-ultraviolet photalysis of aqueous titanium dioxide suspensions ［J］. Journal of the Chemical Society，Faraday Transactions，80 (2)：457-468.

［44］　Miner O C，1999. Kinetic analysis of photoinduced reactions at the water semiconductor interface ［J］. Catalysis Today，57 (3)：205-213.

［45］　Nakamura R，Tanaka T，Nakato Y，2004. Mechanism for visible light responses in anodic photocurrents at N-doped TiO_2 film electrodes ［J］. The Journal of Physical Chemistry B，108 (30)：10617-10620.

［46］　Navío J A，Colón G，MacíAs M，et al，1999. Iron-doped titania semiconductor powders prepared by a sol - gel method. Part I：synthesis and characterization ［J］. Applied Catalysis A：General，177：111-120.

［47］　Navío J A，Testa J J，Djedjeian P，et al，1999. Iron-doped titania powders prepared by a sol-gel method. Part II：Photocatalytic properties ［J］. Applied Catalysis A：General，178：191-203.

［48］　Ohno T，Tsubota T，Nishijima K，et al，2004. Degradation of methylene blue on carbonate species-doped TiO_2 photocatalysts under visible light ［J］. Chemistry Letters，33 (6)：750-751.

［49］　Paola A D，Gareia-Lopoz E，Ikeda S，et al，2002. Photocatalytic degradation of organic compounds in aqueous systems by transition metal doped polycrystalline TiO_2 ［J］. Catalysis Today，75：87-93.

［50］　Ren W，Ai Z，Jia F，et al，2007. Low temperature preparation and visible light photocatalytieactivity of mesopomuscarbon-doped crystalline TiO_2 ［J］. Applied Catalysis B：Environmental，69：138-144.

[51]   Sakthivel S, Kisch H, 2003. Daylight photocatalysis by carbon-modified titanium dioxide [J]. Angewandte Chemie International Edition, 42 (40): 4908-4911.

[52]   Sakthivel S, Janczarek M, Kisch H, 2004. Visible Light Activity and Photoelectrochemical Properties of Nitrogen-Doped TiO_2 [J]. the Journal of Physical Chemistry B, 108 (50): 19384-19387.

[53]   Sambrano J R, Nóbrega G F, Taft C A, et al, 2005. A theoretical analysis of the TiO_2/Sn doped (110) surface properties [J]. Surface Science, 580: 71-79.

[54]   Serpone N, 2006. Is the band gap of pristine TiO_2 narrowed by anion- and cation-doping of titanium dioxide in second-generation photocatalysts [J]. The Journal of Physical Chemistry B, 110 (48): 24287-24293.

[55]   Serpone N, Texier I, Emeline A V, et al, 2000. Post-irradiation effect and reductive dechlorination of chlorophenols at oxygen-free TiO_2/water interfaces in the presence of prominent holscavengers [J]. Journal of Photochemistry and Photobiology A, 136 (3): 145-152.

[56]   Shen M, Wu Z, Huang H, et al, 2006. Carbon-doped anatase TiO_2 obtained from TiC for photocatalysis under visible light irradiation [J]. Materials Letters, 60: 693-697.

[57]   Tanaka T, Takenaka T I S, Funabiki T, et al, 2000. Photocatalytic oxidation of alkane at a steady rate over alkali-Ion-modified vanadium oxide supported on silica [J]. Catalysis Today, 61 (4): 109-115.

[58]   Teruhisa Ohno, Fumihiro Tanhgawa, et al, 1999. Photocatalytic oxidation of water by visible light using ruthenium-doped titanium dioxide powder [J]. Journal of Photochemistry and Photobiology A: Chemistry, 127: 107-110.

[59]   Tong T Z, Zhang J L, Tian B Z, et al, 2008. Preparation of Fe^{3+}-doped TiO_2 catalysts by controlled hydrolysis of titanium alkoxide and study on their photocatalytic activity for methyl orange degradation [J]. Journal of Hazardous Materials, 155 (3): 572-579.

[60]   Torres G R, Lindgren T, Lu J, et al, 2004. Photoelectrochemical study of nitrogen-doped titanium dioxide for water oxidation [J]. The Journal of Physical Chemistry B, 108: 5995-6003.

[61]   Valentin C D, Pacchioni G, Selloni A, 2005. Theory of carbon doping of titanium dioxide [J]. Chemistry Materials, 17 (26): 6656-6665.

[62]   Vogel R, 1994. Quantum-sized Pbs, CdS, Ag_2S, Sb_2S_3 and Bi_2S_3 particles as sensitizers for various nanoporous wide-bandgap semiconductors [J]. The Journal of Physical Chemistry, 98: 3183-3191.

［63］ Wu J C S, 2009. Photocatalytic reduction of greenhouse gas CO_2 to fuel ［J］. Catalysis Surveys from Asia, 13 (1): 30-40.

［64］ Xu A W, Gao Y, Liu H Q, 2002. The preparation, characterization and their photocatalytic activities of rare-earth-doped TiO_2 nanoparticles ［J］. Journal of Catalysis, 207 (2): 151-157.

［65］ Yang P, Lu C, Hua N, et al, 2002. Titanium dioxide nanoparticles co-doped with Fe^{3+} and Eu^{3+} ions for photocatalysis ［J］. Materials Letters, 57 (4): 794-801.

［66］ Yang X X, Cao C D, Hohn K, et al, 2007. Highly visible-light active C-and V-doped TiO_2 for degradation of acetaldehyde ［J］. Journal of Catalysis, 252 (2): 296-302.

［67］ Ye Cong, Zhang J L, Feng Chen, et al, 2007. Preparation, photocatalytic activity, and mechanism of nano-TiO_2 co-doped with nitrogen and iron (Ⅲ) ［J］. The Journal of Physical Chemistry C, 111: 10618-10623.

［68］ Yin S, Yamaki H, Komatsu M, et al, 2003. Preparation of nitrogen-doped titania with high visible light induced photocatalytic activity by mechanochemical reaction of titania and hexamethylenetetramine ［J］. Journal of Materials Chemistry, 13: 2996-3001.

［69］ Yu J G, Zhou M C, Cheng B, et al, 2006. Preparation, characterization and photocatalytic activity of in situ N, S-codoped TiO_2 powders ［J］. Journal of Molecular Catalysis A: Chemical, 246 (1/2): 176-184.

［70］ Zabek P, Eberl J, Kisch H, 2009. On the origin of visible light activity in carbon-modified titania ［J］. Photochemical & Photobiological Sciences, 8 (2): 264-269.

［71］ Zhou L, Tan X, Zhao L, et al, 2007. Photocatalytic degradation of NO_x over platinum and nitrogen codoped titanium dioxide under visible light irradiation ［J］. Collection Czechoslovak Chemical Communications, 72 (3): 379-391.

［72］ Zhu J, Zheng W, He B, et al, 2004. Characterization of Fe-TiO_2 photocatalysts synthesized by hydrothermal method and their photocatalytic reactivity for photodegradation of XRG dye dilute ［J］. Journal of Molecular Catalysis A Chemical, 216 (1): 35-43.

［73］ Zhu J, Deng Z, 2006. Hydrothermal doping method for preparation of Cr^{3+}-TiO_2 photocatalysts with concentration gradient distribution of Cr^{3+} ［J］. Applied Catalysis B: Environmental, 62 (3-4): 329-335.

第3章 Cu 改性纳米 TiO$_2$ 光催化活性研究

纳米 TiO$_2$ 因具有较高的光化学稳定性、较强的氧化还原性、较大的比表面积及无毒、低成本等优点而被广泛应用于光催化领域。但从其光催化效率看，还存在载流子复合率高、光催化效率较低等缺点。为了提高光催化效率，人们采用了多种手段对 TiO$_2$ 进行改性，其中过渡金属离子掺杂是一种有效的方法（Sambrano 等，2005）。

过渡金属离子掺杂 TiO$_2$ 的光催化性能与离子的种类有关（谢先法等，2005）。有些过渡金属离子的掺杂能起到提高 TiO$_2$ 光催化活性的作用，有些则影响很小，有些甚至还降低了 TiO$_2$ 的光催化活性。针对不同的反应物，掺杂同一种过渡金属离子也会表现出不同的作用。卢萍等（2002）研究了一系列过渡金属离子的掺杂对 TiO$_2$ 光催化性能的影响，发现在以甲基橙为目标物的光催化反应中，第二过渡系列金属离子比第一过渡系列的掺杂效果要好，经紫外光照射 50min 后，掺杂 Mo^{6+} 和 Cd^{2+} 的 TiO$_2$ 对甲基橙的降解率分别能达到 91% 和 92.1%。Wilke 等（1999）以罗丹明 B 的降解作为性能测试来评价掺杂 Cr^{3+} 和 Mo^{5+} 的 TiO$_2$ 光催化活性，发现 Cr^{3+} 的掺杂对降解效率几乎没有影响，而 Mo^{5+} 的掺杂则可以显著地提高 TiO$_2$ 的光催化效率。Brezová 等（1997）通过掺杂 Zn^{2+}、Cd^{2+}、Pt^0、Co^{3+}、Cr^{3+}、Fe^{3+} 等金属离子对 TiO$_2$ 进行改性，发现以上离子的掺杂都能显著改善 TiO$_2$ 光催化降解苯酚的活性。对于光催化还原 CO$_2$ 的研究来说，Hirano 等（1992）发现对于以 TiO$_2$ 为基底的催化剂来说，Cu 的添加能够明显提高催化剂的光催化性能，在光催化反应中，Cu 主要起到了捕获电子、提高电子空穴分离效率的作用。吴树新等（2005）利用浸渍法制备了 Cu 掺

TiO_2 光催化剂，以 CO_2 还原反应为探针研究催化剂的光催化还原性能，结果表明 Cu 掺杂 TiO_2 较纯 TiO_2 具有更高的光催化还原活性。

本章通过溶胶-凝胶法制备了不同添加量的 Cu 改性 TiO_2 纳米粉体，以测定光催化还原 CO_2 产物甲醛的生成量来检验其光催化活性。分别采用 XRD、TEM 及 XPS 等表征手段对所制备纳米粉体的晶体结构、形貌及化学组态进行分析，探讨了 Cu 的添加量及煅烧温度对其光催化活性、晶体结构、形貌和化学组态的影响，并对不同添加量的 Cu 改性 TiO_2 光催化还原 CO_2 的反应机理进行更进一步的讨论。

3.1 实验材料与仪器

(1) 实验药品与试剂

如表 3-1 所列。

表 3-1 实验药品与试剂

药品/试剂名称	分子式	规格	生产厂家
钛酸丁酯	$Ti(OC_4H_9)_4$	分析纯	天津市江天化工技术有限公司
硝酸	HNO_3	分析纯	天津市江天化工技术有限公司
无水乙醇	CH_3CH_2OH	分析纯	天津市江天化工技术有限公司
硝酸铜	$Cu(NO_3)_2 \cdot 3H_2O$	分析纯	天津大学科威公司
氢氧化钠	$NaOH$	分析纯	天津市江天化工技术有限公司
二氯甲烷	CH_2Cl_2	色谱纯	天津四友精细化学品有限公司
三蒸水	H_2O	—	天津大学
二氧化碳气体	CO_2	99.999%	天津立祥气体有限公司
氮气	N_2	工业纯	天津立祥气体有限公司

注：三蒸水为经过三次蒸馏收集的水。

(2) 实验仪器设备

如表 3-2 所列。

表 3-2 实验仪器设备

仪器名称	型号与规格	生产厂家
电子天平	AL204 型	Metter Toledo Group
定时数显恒流泵	HL-2D 型	上海沪西分析仪器厂
磁力搅拌器	DHT 型	天津大学达昌高科技有限公司

仪器名称	型号与规格	生产厂家
pH 计	PHS-3C 型	上海精密仪器有限公司
光化学反应仪	SGY-1 型	南京斯东科电器公司
电热恒温鼓风干燥箱	DS-20 型	天津中环实验电炉有限公司
程序升温马弗炉	SX2-25-12 型	天津中环实验电炉有限公司
自动双重纯水蒸馏器	SZ-93 型	上海亚荣生化仪器厂
旋转蒸发器	RE-2000B 型	巩义市英峪高科仪器厂
X 射线衍射仪(XRD)	D/MAX2500 型	日本理学
场发射透射电子显微镜(TEM)	Tecnai G2-F20 型	荷兰 Philips
X 射线光电子能谱仪(XPS)	PHI-1600 型	美国 Perkin Elmer
气相色谱-质谱联用仪(GC-MS)	6890N-5973 型	美国 Agilent

3.2 Cu 改性 TiO_2 纳米粉体制备

3.2.1 溶液配制

（1）A 溶液

将 5mL 钛酸丁酯与 30mL 无水乙醇混合，机械搅拌 30min 至溶液澄清待用，操作温度为室温。

（2）B 溶液

准确称量一定量的硝酸铜，并将其溶于 1.5mL 三蒸水、20mL 无水乙醇和 0.7mL 硝酸的混合溶液中。所选 Cu 元素的添加量（Cu/Ti 元素质量分数）分别为 0.1%、0.6%、2%、7%、10%、20%、30%和 40%。

溶液制备装置如图 3-1 所示。

3.2.2 溶胶过程

TiO_2 的前驱体采用钛酸丁酯，水解抑制剂选用硝酸，为尽量减少反应产物中所含阴离子的种类，采用铜的硝酸盐作为改性铜元素的前驱体。将 B 溶液通过蠕动泵以 30 滴/min 的速率缓慢滴入 A 溶液，滴加过程中保证 A 溶液处于剧烈搅拌状态；滴加结束后再持续搅拌 30min，直至形成透明溶胶。

反应过程中每隔 10min 以 pH 计检测反应液 pH 值，通过滴加适量硝酸

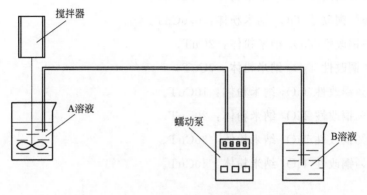

图 3-1　溶液制备装置示意

将溶液 pH 值控制在 3.00～5.00 的范围内，搅拌速率为 400～500r/min，反应温度为室温。

3.2.3　凝胶过程

剧烈搅拌形成溶胶后，于室温下陈化 16h，将所得 TiO_2 凝胶置于 82℃鼓风干燥箱中干燥 1～2h，使残留于干凝胶内的有机醇类物质和水分挥发殆尽。

3.2.4　煅烧过程

本章介绍的煅烧温度范围限定于 500～800℃。将预处理后的干凝胶于马弗炉中煅烧，以 3℃/min 的升温速率升温至指定温度（分别为 500℃、600℃、700℃和 800℃），再在指定温度下保持恒温 2h，煅烧完成后自然降至室温。

3.2.5　研磨过程

炉体于室温下自然冷却后，取出样品，先后用陶瓷研钵和玛瑙研钵仔细研磨，直至得到超细粉末。将粉体装于药剂瓶中避光干燥保存、待用。

缩写标识说明（百分比均为质量分数）如下。

纯 TiO_2：BT。

0.1％铜改性 TiO$_2$ 纳米粉体：0.1CuT。

0.6％铜改性 TiO$_2$ 纳米粉体：0.6CuT。

2％铜改性 TiO$_2$ 纳米粉体：2CuT。

7％铜改性 TiO$_2$ 纳米粉体：7CuT。

10％铜改性 TiO$_2$ 纳米粉体：10CuT。

20％铜改性 TiO$_2$ 纳米粉体：20CuT。

30％铜改性 TiO$_2$ 纳米粉体：30CuT。

40％铜改性 TiO$_2$ 纳米粉体：40CuT。

3.3 表征分析方法

3.3.1 X射线衍射分析

X射线衍射分析（X-ray Diffraction Analysis，XRD）是利用 XRD 衍射角位置以及强度来鉴定未知样品的物相组成。各衍射峰的角度及其相对强度是由物质本身的内部结构决定的。每种物质都有特定的晶体结构和晶胞尺寸，而这些又都与衍射角和衍射强度有着对应关系。因此，可以根据衍射数据来鉴别晶体结构。通过将未知物相的衍射峰与已知物相的衍射峰进行比对，可以逐一鉴定出样品中的各种物相。目前可以利用粉末衍射卡片（PDF卡）进行直接比对，也可通过计算机数据库进行检索。XRD 定量分析是利用衍射峰强度来确定物相含量的。每一种物相都有各自的特征衍射峰，而衍射峰的强度又与物相的质量分数成正比，各物相衍射峰强度是随着该相含量的增加而增加的（周玉等，2007）。

XRD 测定晶粒度是基于衍射峰的峰宽与材料晶粒大小有关这一现象。晶粒大小用 Scherrer 公式（Spurr 等，1957）计算：

$$D = K\lambda / B\cos\theta \tag{3-1}$$

式中　D——晶粒大小，nm；

　　　K——Scherrer 常数，一般取 0.89；

　　　λ——射线的波长，nm；

　　　B——衍射峰的半峰宽，rad；

　　　θ——布拉格衍射角，（°）。

样品的各晶相含量可由 Spurr 公式求出（Spurr 等，1957）：

$$F_R = 1/\{1 + [0.8\, I_A(101)/I_R(110)]\} \qquad (3\text{-}2)$$

式中　　　　　　　F_R——金红石相含量；

I_A（101），I_R（110）——XRD 图谱中锐钛矿相和金红石相特征峰的峰高或峰面积。

本实验使用日本理学 D/MAX2500 型 X 射线衍射仪分析所制备的 CuT 纳米粉体的晶相组成及其晶体结构。检测采用 Cu Kα 辐射，衍射光束经 Ni 单色器滤波，其波长为 $\lambda = 0.15418$nm。加速电压和电流分别为 40kV 和 200mA，衍射角 2θ 的扫描范围为 $10° \sim 90°$。

3.3.2　透射电镜分析

透射电镜分析（Transmission Electron Microscope，TEM）中透射电子显微镜与光学显微镜的成像原理相似，不同的是透射电镜以电子为照明束，电子波长极短，与物质作用产生衍射现象，使得透射电子显微分析可做形貌观察，且具有高空间分辨率可做结构分析，提供纳米材料及其表面上原子分布的真实空间图像，可观察材料的表面与内部结构，同时研究材料的形貌、结构与成分，是探索决定物质表面特性微观本质的有力工具（王中林等，2005）。

本实验采用 Tecnai G2-F20 场发射透射电子显微镜表征 CuT 纳米粉体的表面形貌。将样品放入少量无水乙醇中超声分散 5min，取少量液滴分散在有铜网支撑的碳膜上烘干，然后 TEM 下观察所制备的纳米粉体的形貌。仪器工作电压为 150kV，真空度高于 6.7×10^{-7}Pa，点分辨率为 0.248nm，线分辨率为 0.102nm，放大倍数可达 105 万倍。采用场发射电子枪，配备了高角环形暗场探测器，可以进行扫描透射分析，分辨率可达 0.34nm。

3.3.3　X 射线光电子能谱

X 射线光电子能谱（X-ray Photoelectron Spectroscopy，XPS）是用单色的 X 射线照射样品，具有一定能量的入射光子同样品原子相互作用，光致电离产生了光电子，这些光电子从产生之处输运到表面，然后克服逸出功而发射，用能量分析器分析光电子的动能，得到的就是 X 射线光电子能谱。根据测得的光电子动能可以确定表面存在的元素以及该元素原子所处的化学状态，而根据具有某种能量的光电子的数量，便可以知道某种元素在表面的含量。因此，XPS 可以用于样品元素成分的定性和定量分析，以及化学组态的确定，是目前应用最广泛的表面分析方法之一（郭沁林等，2007）。

XPS 是一种高灵敏度的表面分析技术，其探测深度一般为表面层下 $20\sim50\text{Å}$，是研究样品表面组成和化学状态等的有效手段。本实验的 XPS 分析采用 PHI-1600 ESCA 型光电子能谱仪，以 Mg Kα 为阴极靶，电压为 15kV，功率为 300W，分析时的基础真空为 2×10^{-10} Torr（$1\text{Torr}\approx133\text{Pa}$，下同）。分析灵敏度为 0.8eV，结合能用 C 1s 峰位（284.6eV）为内标校正荷电效应。结果分析采用高斯与劳伦斯函数混合函数的方法。

3.4 光催化还原 CO_2 实验

3.4.1 反应装置

光催化还原 CO_2 反应的实验装置为南京斯东柯电气设备有限公司生产的 SGY-1 型多功能光化学反应仪（见图 3-2），操作温度为室温。

该反应仪用于测定液相体系中新材料、化工产品的光化学反应速率和量子产率，特别适合于光化学合成和污染物质的光化学降解（分解）研究。整个反应在一个密闭箱体内进行，反应仪的光源为高压汞灯，置于中央的石英冷阱内。石英反应管置于旋转台上，围绕在汞灯周围，使得反应试管接受光照均匀，保证了光能的充分利用。另外，每个分气路开关可控制每个反应试管内的通气量，保证反应条件一致。

本研究光源选用功率为 300 W 的汞灯，其能量分布如图 3-3 所示。

3.4.2 实验过程

3.4.2.1 光催化反应还原剂的配制

本实验采用液相反应，还原剂为 0.2 mol/L NaOH 溶液。用电子天平准确称量 NaOH 固体颗粒 8.0 g 溶于三蒸水中，移至 1000mL 容量瓶中定

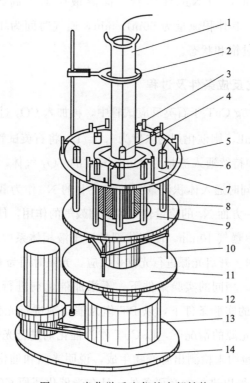

图 3-2　光化学反应仪的内部结构

1—石英冷阱；2—支撑环；3—气体限流阀；4—光源；

5—配气管；6—石英试管；7—上转盘；8—滤光片；

9—中转盘；10—转盘调节机构；11—下转盘；12—低速电机；13—带传动机构；14—底盘

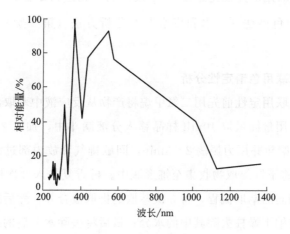

图 3-3　汞灯能量分布

容，配成 0.2 mol/L 的 NaOH 溶液。向溶液中通入高纯 CO_2（纯度为 99.999%）气体，其体积流量为 50mL/min，通气时间为 1h，保证 CO_2 在 NaOH 溶液中呈过饱和状态。

3.4.2.2　光催化反应条件及过程

准确称量 0.05g CuT 于石英反应试管中，再加入 CO_2 过饱和的 0.2 mol/L NaOH 溶液 50mL，则催化剂的浓度为 1.0g/L。将石英试管置于光化学反应仪中，反应过程中持续通入流量为 30mL/min 的 CO_2 气体，以补充反应过程中 CO_2 的消耗。同时通入体积流量为 $0.5m^3/h$ 的 N_2 作为载气，一方面保证 CO_2 的通入，另一方面 N_2 的流量较大可起到鼓气的作用，使催化剂保持悬浮状态。先在黑暗中曝气 10min，使催化剂悬浮于液相体系中，完成 CO_2 在催化剂表面的预吸附。开启光源进行光催化反应，光照时间为 6h。

空白实验：a. 相同的实验条件下，不添加催化剂进行光催化还原 CO_2 的反应；b. 相同的实验条件下，以 BT 作为催化剂进行光催化还原 CO_2 的反应；c. 在不加光源的情况下，以 CuT 作为催化剂进行光催化还原 CO_2 的反应。这 3 个实验均未检测出有产物生成，说明光照和催化剂的添加是光催化还原 CO_2 反应得以进行的必要条件，且在光催化还原 CO_2 的反应中 CuT 较 BT 有更高的活性。

3.4.2.3　产物测定

采用气质联用对光催化还原 CO_2 反应的产物进行定性，产物的生成量采用顶空气相色谱法［《水和废水监测分析方法（第 3 版）》，1997］进行定量。

(1) 气质联用色谱定性分析

采用气质联用定性前先用二氯甲烷将产物从反应液中萃取出来，具体操作步骤如下：用量筒量取 10mL 样品移入分液漏斗中，加入 2.5mL 二氯甲烷，密闭分液漏斗并用力振荡 2～3min，间歇排气释放内部过大压力，静置 10min；然后将下层提取物收集至锥形瓶中。再重复加入 2 次同样体积的二氯甲烷进行相同的萃取流程，将 3 次萃取的提取液合并；然后通过约有 5cm 高的无水硫酸钠干燥柱去除其中的水分；最后将去除水分后的提取液放入旋转蒸发仪中，于 43℃（略高于二氯甲烷的沸点 39℃）下浓缩至 1mL；置于小瓶（具有聚四氟乙烯保护的瓶盖）中 4℃ 避光保存、待测。

采用美国 Agilent 公司的气相色谱-质谱联用仪，型号为 6890N-5973 型。

GC 条件为：色谱柱 HP-Innowax（$30m \times 0.25mm \times 0.25\mu m$），载气 He（流速 $1.5mL/min$），柱温 40℃保持 4min，以 10℃/min 的速率程序升温，最终温度 230℃；进样口温度 250℃；分流比 50∶1；进样量 $1\mu L$。

MS 条件：电子轰击源 EI，电子能量 70eV，离子源温度 230℃，四级杆温度 150℃，电子倍增器电压 1301V，全扫描方式，扫描速度 500u/s，扫描范围 10～500amu。

（2）气相色谱定量分析

首先将待测样品进行顶空预处理 [《水和废水监测分析方法（第 3 版）》，1997]，具体步骤如下：将反应后的石英试管密封后在冰箱中静置 12h，直至催化剂完全沉淀；将 25mL 的上清液移至 25mL 顶空瓶（每次使用前用蒸馏水洗净，并于 120℃烘干放凉备用）中，用衬有聚四氟乙烯薄膜的医用反口橡皮塞封口，并用铁丝勒紧；然后于 70℃恒温水浴中平衡 30min，迅速用进样器扎入瓶盖 1.5～2cm，抽取上层气体，注入色谱仪，测定其峰面积进行定量。顶空进样 2 次，每次进样量为 1.0mL。

色谱条件：气相色谱分析仪选用 Agilent 6890N。色谱柱为 Agilent 毛细管色谱柱 DB-624（$30m \times 0.53mm \times 3.00\mu m$）。测定时的具体色谱条件为：柱温 80℃；进样口温度 120℃；FID 检测器温度 250℃。

3.5　结果与讨论

3.5.1　X 射线衍射（XRD）结果分析

表 3-3 列出了所制备的 BT 和不同 Cu 添加量（0.1%、0.6%、2%、7%、10%、20%、30%、40%）的 CuT 纳米粉体于 500℃煅烧温度下的 XRD 晶体结构参数。

由表 3-3 结果可知，Cu 的掺杂改性并未引起 TiO_2 锐钛矿晶型 101 晶面位置的根本性改变，这说明所制备的 Cu 改性 TiO_2 纳米粉体还是以锐钛矿晶型为主体。随着 Cu 添加量的增加，各粉体锐钛矿 101 晶面的颗粒粒径呈现出一定的变化规律。首先，当添加量＜7％（质量分数）时，随着 Cu 添加量的增加，制备的纳米粉体的晶粒粒径是逐渐减小的。Cu^{2+} 半径为 0.072nm，与 Ti^{4+} 半径 0.068nm 相近，因而在纳米 TiO_2 中的掺杂会有取代形式，即改性的 Cu^{2+} 会取代 TiO_2 纳米晶格点阵上的 Ti^{4+}。Cu^{2+} 进入 TiO_2 晶格内会破坏 TiO_2 晶体质点排列的周期性，造成晶体结构的不完整进而诱发晶格畸变，此诱变对锐钛矿 TiO_2 的 101 晶面生长有抑制作用，此结论可在 TEM 表征结果中得到验证。其次，当添加量增加到一定程度后（＞7％），晶粒粒径与 BT 相比略有减小，其主要原因是当 Cu 的添加量过大时，Cu 对 TiO_2 的改性不再是单纯的掺杂，而是以氧化物形式堆积在 TiO_2 晶粒的表面，形成第二相即半导体复合，对 TiO_2 的 101 晶面生长也存在一定的抑制作用。这种粒径增长速度的变化与不同晶体颗粒间的界面能量高低以及界面两侧相邻晶粒大小的差别有关。晶界迁移是晶粒长大的基本条件，晶粒间界面能量越高、相邻晶粒的差别越大，对晶界迁移越有利，晶粒生长速度越快（Rodriguez 等，1997）。

表 3-3　BT 和 CuT 纳米粉体 XRD 参数

样品名称	101 晶面位置	101 晶粒粒径/nm
BT	25.200	18.895
0.1CuT	25.160	16.427
0.6CuT	25.240	15.161
2CuT	25.180	12.900
7CuT	25.218	11.701
10CuT	25.300	16.739
20CuT	25.199	17.163
30CuT	25.340	15.107
40CuT	25.340	15.788

图 3-4 为 BT 和各添加量的 CuT 纳米粉体在煅烧温度为 500℃时的 XRD 谱图。

由图 3-4 可知，所制备的 BT 和各 CuT 纳米粉体 XRD 谱图的出峰位置基本一致，且均为锐钛矿相的特征峰，说明在此煅烧条件下得到的是锐钛矿 TiO_2，而且 Cu 改性并未引起 TiO_2 由锐钛矿向金红石的相变。但从峰形来看，CuT 较 BT 的 XRD 衍射峰均有不同程度的峰宽化和钝化，说明 Cu 改

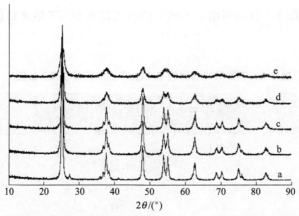

(a) BT和Cu的质量分数添加量分别为0.1%、0.6%、2%和7%的XRD谱图

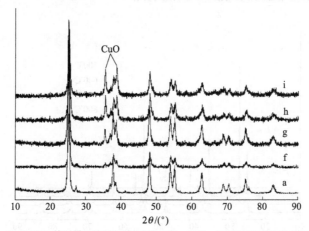

(b) BT和Cu的质量分数添加量分别为10%、20%、30%和40%的XRD谱图

图 3-4 BT 和 CuT 纳米粉体 XRD 谱图

a—BT；b—0.1CuT；c—0.6CuT；d—2CuT；e—7CuT；

f—10CuT；g—20CuT；h—30CuT；i—40CuT

性使材料的晶化度有所下降。综合表 3-3 及图 3-4 的结果可知，衍射峰的宽化和钝化主要是由结晶度的降低所导致的。图 3-4（b）为 BT 和 Cu 的质量分数添加量分别为 10％、20％、30％和 40％的 XRD 谱图。由图 3-4（b）可知，当 Cu 的质量分数添加量大于 10％时，在 XRD 谱图中出现了两个 CuO 的特征衍射峰，分别为 35.54°和 38.76°（JCPDS 65-2309 和 JCPDS 44-0706），而且随着 Cu 添加量的增大，峰的强度也逐渐增强。说明当 Cu 的质量分数添加量大于 10％以后，所制备的 CuT 不单单是 TiO_2 一个相，而成为 CuO 与 TiO_2 的复合半导体。

表 3-4 和图 3-5 分别列出了不同煅烧温度的 0.6CuT 纳米粉体的 XRD 参数和谱图。

表 3-4 不同煅烧温度的 0.6CuT 纳米粉体 XRD 参数

煅烧温度/℃	晶粒粒径/nm		金红石相含量/%
	锐钛矿	金红石	
500	15.161	—	0
600	26.484	37.262	20.87
700	36.264	41.464	92.41
800	—	49.154	100

注:表中晶面间距和晶粒粒径均按 101 晶面进行计算。

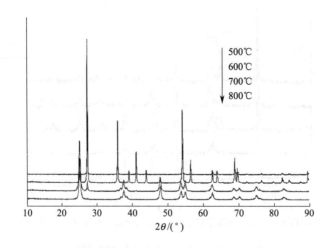

图 3-5 不同煅烧温度的 0.6CuT 纳米粉体 XRD 谱图

由结果可知:随着煅烧温度的升高,TiO_2 晶粒尺寸是逐渐增大的,金红石相含量也是逐渐增多的;当煅烧温度为 500℃ 时,0.6CuT 纳米粉体完全为锐钛矿相,煅烧温度为 600℃ 时材料开始由锐钛矿相向金红石相转变;当煅烧温度增至 800℃ 时所制备的 0.6CuT 纳米粉体已完全转变为金红石相。

3.5.2 透射电镜(TEM)结果分析

图 3-6 中为 BT 和所制备的 Cu 改性 TiO_2 纳米粉体在煅烧温度为 500℃

时，刻度尺为 10nm 的 TEM 图。

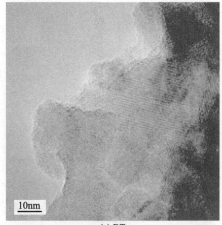

(a) BT

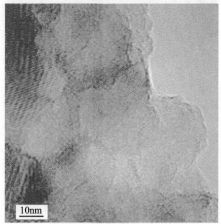

(b) 0.1CuT

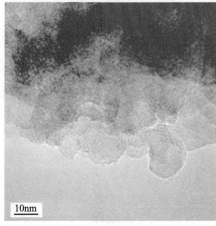

(c) 0.6CuT

图 3-6

(d) 2CuT

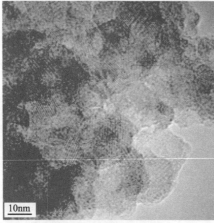

(e) 7CuT

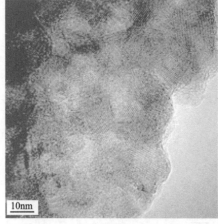

(f) 10CuT

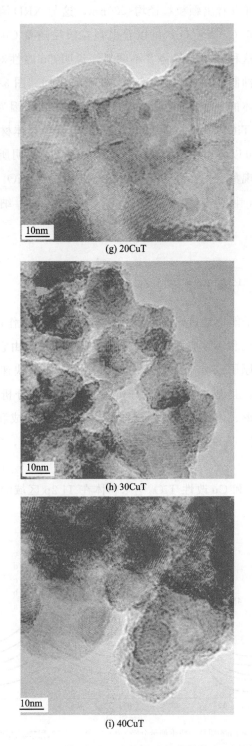

(g) 20CuT

(h) 30CuT

(i) 40CuT

图 3-6　10nm 标尺下 BT 和 CuT 纳米粉体 TEM 图

从图 3-6 中可以看出颗粒粒径均＜20nm，这与 XRD 测试分析的结果是一致的。由图 3-6（a）～（e）可以看出颗粒粒径随着 Cu 添加量的增加而略有下降，但是这种减小的趋势并不明显，说明 Cu 改性对于 TiO₂ 晶粒的生长具有一定的抑制作用。当 Cu 的添加量继续增加［图 3-6（f）～（i）］，所制备的纳米粉体的粒径反而有增大的趋势，这主要是因为所制备的纳米粉体不再是单一的 TiO_2，而是 TiO_2 和 CuO 的复合半导体材料。

由图 3-6 还可以看出纳米颗粒均有重叠的现象，说明所制备的材料存在一定程度的团聚现象。但在图中仍可以较清晰地看到 TiO_2 晶粒的形状、边缘以及晶格条纹，说明本实验方法制备的 Cu 改性 TiO_2 纳米粉体的结晶状况良好。

3.5.3　X 射线光电子能谱（XPS）结果分析

X 射线光电子能谱通过研究微观粒子与表面的相互作用获得表面信息，在材料的基础研究和实际应用中起着非常重要的作用。由它获得的信息直接反映了样品表面原子或分子的电子层结构。XPS 能够快速测量除 H 和 He 以外的所有元素，且基本属于无损分析。此外，XPS 分析还能根据测试的结合能大小、峰形、俄歇参数等给出样品表面的元素组成和化学价态等重要信息（Wilke 等，1999；Brezová 等，1997；周玉等，2007；Spurr 等，1957）。

图 3-7 为 BT 和 Cu 改性 TiO₂纳米粉体在 Ti 2p 区域的 XPS 谱图。

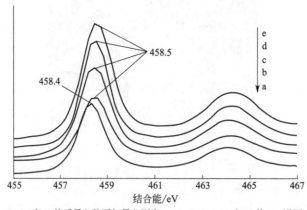

(a) BT和Cu的质量分数添加量分别为0.1%、0.6%、2%和7%的XPS谱图

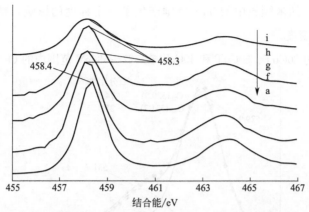

(b) BT和Cu的质量分数添加量分别为10%、20%、30%和40%的XPS谱图

图 3-7　BT 和 CuT 纳米粉体的 Ti 2p XPS 谱图

a—BT；b—0.1CuT；c—0.6CuT；d—2CuT

e—7CuT；f—10CuT；g—20CuT；h—30CuT；i—40CuT

由结果可知，当 Cu 的质量分数添加量<7.0％时，改性后 Ti 2p 结合能由 BT 中的 458.4 eV 偏移至高能位方向的 458.5 eV，说明改性后 Ti 附近的电子云密度减小，这主要是由 Cu 被掺杂到 TiO_2 晶格间隙中引起的；当 Cu 的质量分数添加量>10％时，Ti 2p 结合能偏移至低能位方向的 458.3 eV，这可能是由于吸附在光催化剂颗粒表面的氧化态 Cu 的增多而导致的。在 Ti 2p 的 XPS 谱图中未发现其结合能发生化学位移，说明 TiO_2 的价带位置并没有被改变，Prokes 等（2006）的研究也发现过类似现象。

图 3-8 为 BT 和 Cu 改性 TiO_2 纳米粉体的 O 1s XPS 谱图。

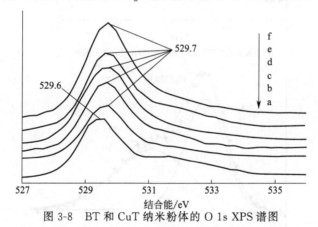

图 3-8　BT 和 CuT 纳米粉体的 O 1s XPS 谱图

a—BT；b—0.1CuT；c—0.6CuT；d—2CuT；e—7CuT；f—10CuT

由图 3-8 可知，当 Cu 的质量分数添加量≤10％时，改性后 TiO_2 纳米晶体中氧的结合能由 529.6 eV 偏移至 529.7 eV，表明不同添加量的 Cu 改

性对于 TiO$_2$ 纳米颗粒中的 Ti—O 键产生了一定程度的影响，减小了 O^{2-} 周围的电子云密度。

图 3-9 为 20CuT、30CuT 和 40CuT 在 527～536eV 范围内的 O 1s XPS 谱图。

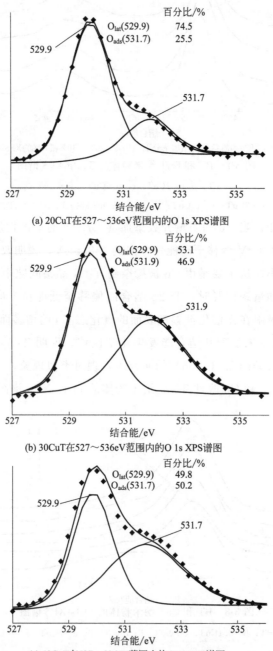

(a) 20CuT在527～536eV范围内的O 1s XPS谱图

(b) 30CuT在527～536eV范围内的O 1s XPS谱图

(c) 40CuT在527～536eV范围内的O 1s XPS谱图

图 3-9　20CuT、30CuT 和 40CuT 在 527～536eV 范围内的 O 1s XPS 谱图

经去卷积处理后可知，这 3 种纳米粉体的 O 1s 有两个峰位，分别在 529.9eV 和 531.7eV 左右。529.9eV 附近的峰位对应的是 TiO_2 中晶格氧（O_{lat}）的结合能，与图 3-8 中 BT 的 O 1s 结合能对比可知，20CuT、30CuT 和 40CuT 的 XPS 谱图在该处的峰位都出现了 0.3 eV 的红移现象，但均未发生化学位移，说明 Cu 离子在改性过程中均未引起晶格氧键合性质的改变。531.7eV 左右的峰位对应的是材料表面吸附氧（O_{ads}）的结合能。由图 3-9 可知，不同 Cu 添加量的 TiO_2 表面吸附氧所占的比率是不同的，20CuT 表面吸附氧所占比率为 25.5%，30CuT 为 46.9%，40CuT 则达 50.2%。吸附氧是一种活泼的强氧化基团，对光催化氧化反应有促进作用，但却不利于光催化还原反应的进行。

图 3-10 为 20CuT、30CuT 和 40CuT 在 929～938eV 范围内的 Cu 2p XPS 谱图。

经去卷积分析可知，结合能在 932.4eV 左右的峰位为 Cu^+ 的特征峰，而在 933.8 eV 左右的则是 Cu^{2+} 的特征峰。由图 3-10 可知，3 种纳米粉体表面 Cu^+ 和 Cu^{2+} 的含量是各不相同的。在 20CuT 表面 Cu^+ 的含量占表面 Cu 元素总含量的 41.2%、30CuT 表面 Cu^+ 含量占 23.2%、40CuT 表面 Cu^+ 含量占 20.4%。随着 Cu 添加量的增加，材料表面 Cu^+ 的含量呈现出逐渐减少的趋势。

3.5.4 Cu 改性 TiO_2 光催化还原 CO_2 性能评价

3.5.4.1 不同添加量的 CuT 对光催化还原 CO_2 反应的影响

图 3-11 所示为不同 Cu 添加量对 CuT 光催化还原 CO_2 甲醛生成量（按每克催化剂计，本章后同）的影响。

由图 3-11 可知，当反应时间<6h 时，随着反应时间的增加，不同添加量的 CuT 光催化还原 CO_2 生成甲醛的量都是呈上升趋势的；反应时间为 6h 时甲醛生成量达到最大；当反应时间>6h 后，甲醛的生成量呈急剧下降趋势。分析产生这种现象可能的原因：一是当反应时间超过 6h 后出现了催化剂失活的现象；二是在反应时间为 6～8h 的过程中生成的甲醛有分解现象，亦或是甲醛的生成和分解在反应过程中是一直都存在的，只不过前 6h 表现为生成量远大于分解量，而反应 6h 之后产物甲醛的分解过程占优势，分解

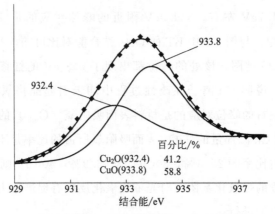

(a) 20CuT在929~938eV范围内的Cu 2p XPS谱图

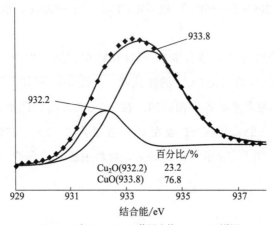

(b) 30CuT在929~938eV范围内的Cu 2p XPS谱图

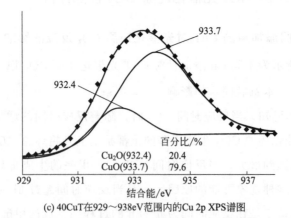

(c) 40CuT在929~938eV范围内的Cu 2p XPS谱图

图 3-10　20CuT、30CuT 和 40CuT 在 929~938eV 范围内的 Cu 2p XPS 谱图

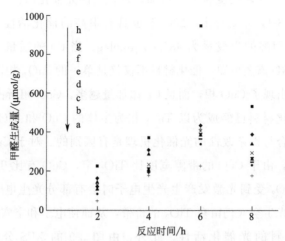

图 3-11　不同 Cu 添加量对 CuT 光催化还原 CO_2 的影响

a—0.1CuT；b—7CuT；c—10CuT；d—2CuT；e—40CuT；f—30CuT；g—20CuT；h—0.6CuT

量远大于生成量。针对这一现象，在后面的研究中进一步考查了反应时间对光催化还原 CO_2 反应的影响。

在本实验条件下，0.6CuT 光催化还原 CO_2 的活性是最高的，光催化反应 6h 时甲醛的生成量最大，可达 945.51 $\mu mol/g$。当 Cu 的质量分数添加量<7%时，由 XRD 图谱（图 3-4）可知，制备的 CuT 纳米催化剂主体是 TiO_2，Cu 的添加主要起到了掺杂改性的作用。离子掺杂的浓度一般存在一个最佳值，当掺杂量小于最佳值时掺杂离子提供的捕获陷阱数量有限，对电子-空穴复合的抑制能力较弱；当掺杂量大于最佳值时，掺杂离子可能转变成为电子和空穴的复合中心，减少光生电子和空穴的数量，从而降低光催化反应的效率。另外，掺杂量还会影响 TiO_2 表面的空间电荷层厚度，其空间电荷层厚度随着掺杂量的增加而减少。只有当电荷层厚度近似等于入射光透入固体的深度时，吸收光子产生的电子-空穴对才能发生有效分离（谢先法等，2005）。Yang 等（2004）的研究也验证了这点，随着掺杂离子浓度的增加，光生电子-空穴对可以克服阻碍而复合，但是在一定的浓度范围内复合率满足式（3-3）：

$$K_{recomb} \propto \exp\left(\frac{-2R}{a_0}\right) \tag{3-3}$$

式中　K_{recomb}——复合率；

　　　　R——捕获中心之间的距离。

当掺杂超过最佳浓度时，随着金属离子浓度的增加，R 值会变小，从而使光生电子-空穴对的复合概率增加，催化剂的光催化活性下降。

　　同样由图 3-11 可以看出，20CuT 也具有很高的催化活性，光催化还原 CO_2 反应 6h，甲醛的生成量为 432.69 $\mu mol/g$。当 Cu 的质量分数添加量＞10％后，由 XRD 谱图可知，催化材料不仅仅是单一的 TiO_2 相，而是随着 Cu 添加量的增加出现了 CuO 相，而且 Cu 添加量越多，CuO 相所占的比重越大，这也就是说催化材料已经成为以 TiO_2 相为主体的 CuO 和 TiO_2 的复合半导体。半导体复合与掺杂改性的光催化机理是有区别的。对于 CuO 和 TiO_2 复合半导体来说，由于 CuO 的带隙宽度比 TiO_2 窄，CuO 有比 TiO_2 更正的导带，因此当 TiO_2 受到光激发产生光生电子时会有部分光生电子迁移到 CuO 的导带上，而光生空穴仍留在 TiO_2 的价带，从而使电子和空穴得到了有效分离，提高了材料的光催化活性。此外，由图 3-9 的 XPS 分析结果可知，20CuT、30CuT 和 40CuT 三种纳米粉体表面氧物种的含量也是各不相同的，40CuT 和 30CuT 材料表面的吸附氧所占比率远远高于 20CuT。众所周知，吸附氧是一种活泼的氧物种，在光催化反应中能生成具有强氧化性的 ·OH 来加速光催化氧化反应的进行。对于还原过程来说，过多的 ·OH 则不利于还原反应的进行。其反应过程如式（3-4）和式（3-5）所示：

$$O_{ads} + e^- \longrightarrow O_2^- \tag{3-4}$$

$$O_2^- + 2H^+ \longrightarrow 2 \cdot OH \tag{3-5}$$

　　由图 3-10 的 XPS 分析结果可知，20CuT 材料表面 Cu^+ 的含量明显高于 30CuT 和 40CuT。Cu^+ 有着更高的捕获电子的能力，这一点可以通过 Cu^+ 和 Cu^{2+} 的氧化还原电位来证实：

$$Cu^{2+} + 2e^- \longrightarrow Cu^0 \qquad E^0 = 0.34eV \tag{3-6}$$

$$Cu^{2+} + e^- \longrightarrow Cu^+ \qquad E^0 = 0.17eV \tag{3-7}$$

$$Cu^+ + e^- \longrightarrow Cu^0 \qquad E^0 = 0.52eV \tag{3-8}$$

　　由式（3-6）～式（3-8）可以看出，各价态的铜物种中，Cu^+ 具有最正的氧化还原电位和最强的电子捕获能力，同时也最有利于光催化过程中电子和空穴的分离。吴树新等（2005）有研究表明，纳米材料表面 Cu^+ 的存在会有利于光催化还原反应的进行：

$$Cu^{2+} + e^- \longrightarrow Cu^+ \tag{3-9}$$

$$Cu^+ + C \longrightarrow Cu^{2+} + C^* \qquad （C 表示碳物种） \tag{3-10}$$

$$C^* \longrightarrow 有机碳化合物 \tag{3-11}$$

　　式（3-9）～式（3-11）表明，Cu^+ 通过捕获电子抑制了电子和空穴的复合，提高了光催化反应的效率，然后通过向碳物种传递电子，进而促进了光催化还原反应的进行。

3.5.4.2 反应时间对光催化还原 CO_2 反应的影响

光催化反应过程是一个动态平衡的过程，其反应速率受反应物与催化剂间的吸附与解吸以及 CO_2 还原反应化学平衡等过程的影响。只有当 CO_2 在催化材料表面的吸附速率大于解吸速率且 CO_2 的还原反应向正反应方向进行时，产物的生成速率和生成量才会增加。当这其中的过程都达到动态平衡时，产物的生成量达到最大，即得到最佳的光照反应时间。

为了确定甲醛最大生成量对应的反应时间，本实验选用光催化效果最好的 0.6CuT 作为光催化剂考察了光照时间对光催化还原 CO_2 反应的影响。本研究考察了最长反应时间为 16h 过程中甲醛生成量的变化情况，如图 3-12 所示。

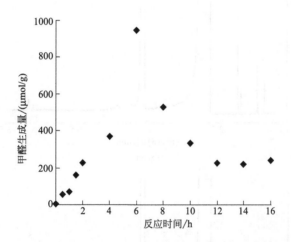

图 3-12　光照时间对 0.6CuT 光催化还原 CO_2 的影响

由图 3-12 可知，当光照反应时间为 6h 时甲醛的生成量最高，这与图 3-11 中的结果是一致的。反应前 4h 过程中产物的生成速率较慢，反应时间 4～6h 阶段为甲醛的主要生成阶段，即甲醛的生成速率最快，且在反应时间为 6h 时生成量达到最大；在反应时间 6～16h 阶段，随着光照时间的延长，甲醛的生成量呈现出明显的下降趋势，产生这种现象应该是由于光催化剂活性的降低或者是生成的甲醛在气液相界面产生了分解。

针对甲醛可能在气液相界面产生分解的猜测，对反应时间为 6h 和 8h 的反应液进行了气质联用色谱定性分析，结果如图 3-13 所示。

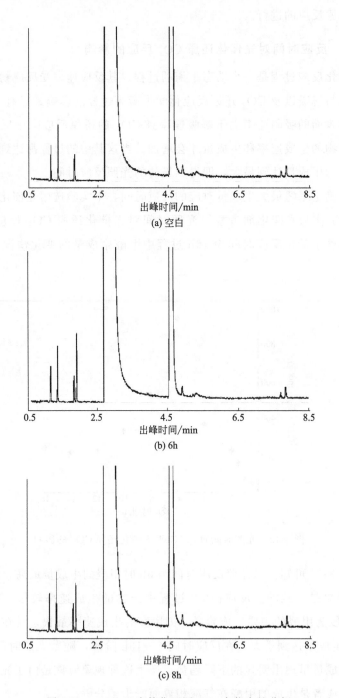

(a) 空白

(b) 6h

(c) 8h

图 3-13 0.6CuT 光催化还原 CO$_2$ 产物定性分析

与图 3-13 (a) 所示的空白图谱相对比, 发现当反应时间为 6h 时 [图 3-13 (b)], 在 1.89min 出现了一个新峰, 经质谱分析确定此物质为甲醛; 当反应时间为 8h 时 [图 3-13 (c)], 产物中不仅在 1.89min 出现了甲醛的峰谱, 在 2.11min 又出现了一个新物质的峰, 经质谱分析确定该物质为丙酮。对比反应时间为 6h 和 8h 的产物质谱图还可以看出其产物甲醛的峰高值也是不同的, 反应时间为 8h 时产物甲醛的峰值明显低于 6h 时产物甲醛的峰值。由图 3-13 各图谱的分析结果可以看出, 光催化反应时间为 6h 的反应液中, 可测得的 CO_2 还原产物为甲醛; 反应时间为 8h 的反应液中则测得甲醛和丙酮两种反应产物。

根据上述实验结果, 本章推断光催化反应 6h 后甲醛生成量急剧下降的一个主要原因是生成的部分甲醛参与了合成丙酮的反应, 如式 (3-12) 所列:

$$HCHO + 2CH_3OH \longrightarrow (CH_3O)_2CH_2 + H_2O \qquad (3-12)$$

一个化学反应能否自发进行以及进行的程度取决于该体系自由能 (ΔG) 的变化, 反应体系的自由能变化与该体系的焓变 (ΔH)、熵变 (ΔS) 及热力学温度 (T) 有关:

$$\Delta G = \Delta H - T\Delta S \qquad (3-13)$$

式中 ΔG——自由能的变化, 它表示反应进行的方向, 当 $\Delta G < 0$ 时反应可以自发进行; 当 $\Delta G = 0$ 时反应处于平衡状态; 当 $\Delta G > 0$ 时反应是不能够自发进行的。

已知式 (3-12) 反应的焓变为 $-79.5kJ/mol$, 在反应温度为 298 K 的条件下可计算出反应体系自由能的变化为 $-49.8kJ/mol < 0$, 故该反应在理论上是能够自发进行的。但在产物中并未检测出甲醇的生成, 推测是由于甲醇的生成量本身就较少, 加之又参与合成丙酮的缘故, 因此在产物检测中未能被检测出来。

3.5.4.3　煅烧温度对光催化还原 CO_2 反应的影响

本研究采用溶胶-凝胶法制备了煅烧温度分别为 500℃、600℃、700℃ 及 800℃ 的 0.6CuT 纳米粉体, 考察煅烧温度对光催化还原 CO_2 反应的影响, 其结果如图 3-14 所示。

结果表明, 煅烧温度为 500℃ 的 0.6CuT 光催化还原 CO_2 的效果最好, 随着煅烧温度的增加催化材料光催化还原 CO_2 的效果呈现出逐渐下降的趋

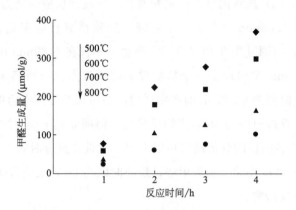

图 3-14　不同煅烧温度的 0.6CuT 对光催化还原 CO_2 反应的影响

势。结合表 3-4 的计算结果可知，随着煅烧温度的逐渐增加，0.6CuT 纳米粉体的结构也发生了变化：煅烧温度为 500℃ 的 0.6CuT 是完全由锐钛矿相组成的；当煅烧温度为 600℃ 时材料发生相变，出现了部分金红石相；当反应温度达到 800℃ 时，所制备的 0.6CuT 已经完成转变为金红石相。

结合不同煅烧温度下 0.6CuT 纳米粉体的结构与光催化还原 CO_2 反应结果可知，随着煅烧温度的增加，材料中金红石相的含量也不断增加，但光催化还原 CO_2 生成甲醛的量却是逐渐减少的。因此，锐钛矿相的 TiO_2 最有利于光催化还原 CO_2 反应的进行，而混晶及完全的金红石相对该还原反应并没有促进作用。

3.6　结论

本章采用溶胶-凝胶法，以钛酸丁酯和硝酸铜为前驱体，硝酸为水解抑制剂，制备了 BT 及不同添加量的 CuT 纳米粉体，利用 XRD、TEM 及 XPS 等表征手段对所制备纳米粉体的晶体结构、形貌及化学组态进行了分析，并通过测定光催化还原 CO_2 产物的生成量来评价各催化剂的光催化活性，可得出如下结论。

① 当煅烧温度为 500℃ 时，各催化剂的主要晶相为锐钛矿相；当质量分数添加量<7％时，随着 Cu 添加量的增加，制备的纳米粉体的晶粒粒径是逐渐减小的，Cu 的添加主要起到掺杂改性的作用；当质量分数添加量>7％

时，晶体粒径与 BT 相比略有减小，且在 XRD 谱图中出现了两个 CuO 的特征衍射峰，所制备的 CuT 不单单是 TiO_2 一个相，而变成 CuO 与 TiO_2 的复合半导体。

② 在 CuT 纳米粉体的 Ti 2p XPS 谱图中其结合能未发生化学位移，说明 Cu 改性没有改变 TiO_2 的价带位置；在 O 1s XPS 谱图中，当 Cu 的质量分数添加量≤10％时，不同添加量的 Cu 改性对于 TiO_2 纳米颗粒中的 Ti—O 键产生了一定程度的影响，减小了 O^{2-} 周围的电子云密度；在 20CuT、30CuT 和 40CuT 的 O 1s XPS 谱图中除了晶格氧还有表面吸附氧的存在，而且随着 Cu 添加量的增加，表面吸附氧所占的比率也是不断增加的；20CuT、30CuT 和 40CuT 的表面存在 Cu^+ 和 Cu^{2+} 两种铜物种，并呈现出随着 Cu 添加量的增加材料表面 Cu^+ 含量逐渐减少的趋势。

③ 0.6CuT 纳米粉体光催化还原 CO_2 的活性是最高的，光催化反应 6h 时甲醛生成量最高，可达 $945.51\mu mol/g$；其次，20CuT 也具有较高的催化活性，光催化还原 CO_2 反应 6h，甲醛生成量为 $432.69\mu mol/g$。

④ 反应时间 4～6h 阶段，甲醛的生成速率最快，且在反应时间 6h 时生成量达到最大。在反应时间 6～16h 阶段，随着光照时间的延长，甲醛生成量呈现出明显的下降趋势，产生这种现象一方面是由于光催化剂活性的降低，另一方面是由于生成的甲醛参与了合成丙酮的反应。

⑤ 锐钛矿相的 CuT 最有利于光催化还原 CO_2 反应的进行，而混晶及金红石相则对该还原反应没有促进作用。

参考文献

[1] 国家环保局，《水和废水监测分析方法》编委会，1997. 水和废水监测分析方法 [M]. 第 3 版. 北京：中国环境科学出版社.

[2] 郭沁林，2007. X 射线光电子能谱 [J]. 物理，36（5）：405-410.

[3] 卢萍，夏光明，等，2002. 过渡金属离子的掺杂对 TiO_2 光催化活性的影响 [J]. 感光科学与光化学，20（3）：185-190.

[4] 王中林，2005. 纳米材料表征 [M]. 北京：化学工业出版社.

[5] 吴树新，尹燕华，何菲，等，2005. 掺铜 TiO_2 光催化剂光催化氧化还原性能的研究 [J]. 感光科学与光化学，23（5）：333-339.

[6] 谢先法，吴平霄，党志，等，2005. 过渡金属离子掺杂改性 TiO_2 研究进展 [J]. 化工进展，24（12）：1358-1362.

[7] 周玉，武高辉，2007. 材料分析测试技术——材料 X 射线衍射与电子显微分析

[M]．哈尔滨：哈尔滨工业大学出版社．

[8]　Brezová V，Blažková A，Karpinský L，et al，1997. Phenol decomposition using M^{n+}/TiO_2 photocatalysts supported by the sol-gel technique on glass fibres [J]．Photochemistry and Photobiology A：Chemistry，109：177-183.

[9]　Hirano K，Inoue K，Yatsu T，1992. Photocatalysed reduction of CO_2 in aqueous TiO_2 suspension mixed with copper powder [J]．Journal of Photochemistry and Photobiology A：Chemistry，64（2）：255-258.

[10]　Prokes S M，Gole J L，Chen X，et al，2006. Defect-related optical behavior in surface modified TiO_2 nanostructures [J]．Advanced Functional Materials，15（1）：161-167.

[11]　Rodriguez T，Vargas S，Montiel C，et al，1997. Modification of the phase transition temperature in titania doped with various cations [J]．Journal of Material Research，12（2）：439-442.

[12]　Sambrano J R，Nóbrega G F，Taft C A，et al，2005. A theoretical analysis of the TiO_2/Sn doped (110) surface properties [J]．Surface Science，580：71-79.

[13]　Spurr R A，Myers H，1957. Quantitative analysis of anatase-rutile mixtures with an X-ray diffractometer [J]．Analytical Chemistry，29：760-762.

[14]　Wilke K，Breuer H D，1999. The influence of transition metal doping on the physical and photocatalytic properties of titania [J]．Journal of Photochemistry and Photobiology A：Chemistry，121：49-53.

[15]　Yang Y，Li X，Chen J，et al，2004. Effect of doping mode on the photocatalytic activities of Mo/TiO_2 [J]．Journal of Photochemistry and Photobiology A：Chemistry，163：517-522.

第4章 RE 改性纳米 TiO₂ 光催化活性研究

第4章 RE 改性纳米 TiO_2 光催化活性研究

稀土（Rare Earth，RE）元素在地壳中的分布很广，数量也不少，17种 RE 元素的总量在地壳中占 0.0153％（质量分数），即 153g/t，其丰度比一些常见元素还要多，如比铅多 9 倍。就单一元素来说，分布最多的是铈，其次是钇、钕、镧等。我国盛产 RE 元素，其储量大、分布广、类型多、矿种全、综合利用价值高，储量、产量和出口量均居世界首位，因此 RE 元素是我国的一大优势矿物资源和产业优势。RE 元素被誉为新材料的"宝库"，是国内外科学家，尤其是材料学家最关注的一组元素，被美国、日本等发达国家有关政府部门列为发展高新技术产业的关键元素和战略物资。RE 元素独特的电子层结构及物理化学性质为其广泛应用提供了基础。RE 元素具有独特的 4f 电子结构、大的原子磁矩、很强的自旋耦合等特性，使 RE 元素及其化合物无论是在传统材料领域还是高技术新材料领域都有着极为广泛的应用，RE 的传统材料和新材料的使用已深入国民经济和现代科学技术的各个领域，并有力地促进了这些领域的发展。据统计，目前世界 RE 消费总量的 70％左右是用于材料方面。RE 材料应用遍及了国民经济中的冶金、机械、石油、化工、玻璃、陶瓷、轻工、纺织、医学、航空航天以及现代技术的各大领域的 30 多个行业。在新材料领域中，RE 元素丰富的光学、电学、磁学以及其他许多性能都得到了充分的应用。这些 RE 新材料根据 RE 元素在材料中所起的作用可粗略地分为两大类：一类是利用 4f 电子结构特征的材料；另一类则是与 4f 电子不直接相关，主要利用 RE 离子半径、电荷或化学性质上有利特性的材料。

RE 元素位于元素周期表中ⅢB族，而且镧及其后的 14 种元素（57～

71号）位于周期表的同一格内，这 15 种元素性质非常相似。同属Ⅲ B族的钇（39号）的原子半径与镧接近，而且钇位于镧系元素离子半径递减顺序的中间，因而钇和镧系元素的化学性质非常相近。镧系元素原子的电子结构特点是：a. 原子的最外层电子结构相同，都是 2 个电子；b. 次外层电子结构相似；c. 倒数第 3 层 4f 轨道上的电子数为 0～14，随着原子序数的增加，新增加的电子并不是填充到最外层或次外层，而是填充到 4f 内层，又由于 4f 电子云的弥散，使它并非全部地分布在 5s 和 5p 壳层内部。因此当原子序数增加时外层电子所受到的有效核电荷的引力实际上是增加了，这种由于引力增加而引起原子半径或离子半径缩小的现象，被称为"镧系收缩"。

RE 元素基本属性如表 4-1 所列（刘光华等，2007）。

表 4-1　RE 元素基本属性

原子序数	元素名称	元素符号	外围电子排布	原子半径/nm	RE^{3+} 半径/nm	RE^{3+} 的电子层结构
39	钇	Y	$4d^1\,5s^2$	0.1801	0.0880	[Kr]
57	镧	La	$4f^0\,5d^1\,6s^2$	0.1879	0.1061	[Xe]4f0
60	钕	Nd	$4f^4\,5s^2\,6s^2$	0.1821	0.0995	[Xe]4f3

RE 元素所具备的特殊物理化学性质及其电子层结构，可用于掺杂改性来修饰 TiO_2 的晶体结构、电荷迁移、对反应物的吸附性、吸收光谱和吸光率以及表面能级等性质，从而能有效提高 TiO_2 的光学性能和光催化活性。Xu 等（2002）对 7 种 RE 元素掺杂改性 TiO_2 的光催化性能进行了研究，发现不同元素会对电荷迁移速率和表面羟基基团数量产生影响，从而决定了 TiO_2 材料的光生电子和空穴的分离、表面吸附和吸收光谱红移等性能，并对 TiO_2 的光催化活性产生影响。

4.1　实验材料与仪器

（1）实验药品与试剂

如表 4-2 所列。

表 4-2 实验药品与试剂

药品/试剂名称	分子式	规格	生产厂家
钛酸丁酯	$Ti(OC_4H_9)_4$	分析纯	天津市江天化工技术有限公司
硝酸	HNO_3	分析纯	天津市江天化工技术有限公司
无水乙醇	CH_3CH_2OH	分析纯	天津市江天化工技术有限公司
硝酸镧	$La(NO_3)_3 \cdot 6H_2O$	分析纯	天津市科密欧化学试剂厂
硝酸钕	$Nd(NO_3)_3 \cdot 6H_2O$	分析纯	天津市光复精细化工研究所
硝酸钇	$Y(NO_3)_3 \cdot 6H_2O$	分析纯	天津市江天化工技术有限公司
氢氧化钠	$NaOH$	分析纯	天津市江天化工技术有限公司
二氯甲烷	CH_2Cl_2	色谱纯	天津四友精细化学品有限公司
三蒸水	H_2O	—	天津大学
二氧化碳气体	CO_2	99.999%	天津立祥气体有限公司
氮气	N_2	工业纯	天津立祥气体有限公司

(2) 实验仪器设备

如表 4-3 所列。

表 4-3 实验仪器设备

仪器名称	型号与规格	生产厂家
电子天平	AL204 型	Metter Toledo Group
定时数显恒流泵	HL-2D 型	上海沪西分析仪器厂
磁力搅拌器	DHT 型	天津大学达昌高科技有限公司
pH 计	PHS-3C 型	上海精密仪器有限公司
光化学反应仪	SGY-1 型	南京斯东科电器公司
电热恒温鼓风干燥箱	DS-20 型	天津中环实验电炉有限公司
程序升温马弗炉	SX2-25-12 型	天津中环实验电炉有限公司
自动双重纯水蒸馏器	SZ-93 型	上海亚荣生化仪器厂
旋转蒸发器	RE-2000B 型	巩义市英峪高科仪器厂
X 射线衍射仪(XRD)	D/MAX2500 型	日本理学
场发射透射电子显微镜(TEM)	Tecnai G2-F20 型	荷兰 Philips
X 射线光电子能谱仪(XPS)	PHI-1600 型	美国 Perkin Elmer
气相色谱仪(GC)	6890N 型	美国 Agilent

4.2　RE 改性 TiO_2 纳米粉体制备

4.2.1　溶液配制

（1）A 溶液

将 5mL 钛酸丁酯与 30mL 无水乙醇混合，机械搅拌 30min 至溶液澄清待用，操作温度为室温。

（2）B 溶液

准确称量一定量的稀土（La、Nd、Y）硝酸盐，并将其溶于 1.5mL 三蒸水、20mL 无水乙醇和 0.7mL 硝酸的混合溶液中。所选 RE 元素的添加量（RE/Ti 元素质量分数）分别为 0.05％、0.1％、0.5％和 1.0％。

4.2.2　溶胶过程

TiO_2 的前驱体采用钛酸丁酯，水解抑制剂选用硝酸，为尽量减少反应产物中所含阴离子的种类，本实验采用稀土的硝酸盐作为改性 RE 元素的前驱体。将 B 溶液通过蠕动泵以 30 滴/min 的速率缓慢滴入 A 溶液，在滴加的过程中保证 A 溶液处于剧烈搅拌状态，滴加结束后再持续搅拌 30min，直至形成透明溶胶。反应过程中每隔 10min 以 pH 计检测反应液的 pH 值，并加适量硝酸调节 pH 值至 3.00～5.00 的范围内，搅拌速率 400～500r/min，反应温度为室温。

4.2.3　凝胶过程

剧烈搅拌形成溶胶后，于室温下陈化 16h，将所得 TiO_2 凝胶置于 82℃鼓风干燥箱中干燥 1～2h，使残留于干凝胶内的有机醇类物质和水分挥发殆尽。

4.2.4　煅烧过程

本研究考察的煅烧温度为 500℃。将预处理后的干凝胶于马弗炉中煅烧，以 3℃/min 的升温速率升温至 500℃，并在此温度下保持恒温 2h，煅烧完成后自然冷却至室温。

4.2.5 研磨过程

在炉体于室温下自然冷却后，取出样品，先后用陶瓷研钵和玛瑙研钵仔细研磨，直至得到超细粉末。将粉体装于药剂瓶中避光干燥保存、待用。

缩写标识说明（质量分数）如下。

纯 TiO_2：BT。

0.05%镧改性 TiO_2 纳米粉体：0.05LaT。

0.1%镧改性 TiO_2 纳米粉体：0.1LaT。

0.5%镧改性 TiO_2 纳米粉体：0.5LaT。

1.0%镧改性 TiO_2 纳米粉体：1.0LaT。

0.05%钕改性 TiO_2 纳米粉体：0.05NdT。

0.1%钕改性 TiO_2 纳米粉体：0.1NdT。

0.5%钕改性 TiO_2 纳米粉体：0.5NdT。

1.0%钕改性 TiO_2 纳米粉体：1.0NdT。

0.05%钇改性 TiO_2 纳米粉体：0.05YT。

0.1%钇改性 TiO_2 纳米粉体：0.1YT。

0.5%钇改性 TiO_2 纳米粉体：0.5YT。

1.0%钇改性 TiO_2 纳米粉体：1.0YT。

4.3 表征分析方法

4.3.1 X射线衍射分析

本实验使用日本理学 D/MAX2500 型 X 射线衍射仪分析所制备的 RET 纳米粉体的晶相组成及晶体结构。检测采用 Cu Kα 辐射，衍射光束经 Ni 单色器滤波，其波长为 $\lambda = 0.15418nm$。加速电压和电流分别为 40kV 和 200 mA，衍射角 2θ 的扫描范围为 $10°\sim90°$。XRD 晶粒度测定采用 Scherrer 公式（Spurr 等，1957）计算，详见式（3-1）。

4.3.2 透射电镜分析

本实验采用 Tecnai G2-F20 场发射透射电子显微镜表征 RET 纳米粉体的表面形貌。将样品放入少量无水乙醇中，超声分散 5min，取少量液滴分散在有铜网支撑的碳膜上烘干，然后在 TEM 下观察所制备的纳米粉体的形貌。

仪器工作电压为 150kV，真空度高于 6.7×10^{-7} Pa，点分辨率为 0.248nm，线分辨率为 0.102nm，放大倍数可达 105 万倍。

采用场发射电子枪，并配备了高角环形暗场探测器，可以进行扫描透射分析，分辨率可达 0.34nm。

4.3.3 X射线光电子能谱

XPS 是一种高灵敏度的表面分析技术，其探测深度一般为表面层下 20～50Å，是研究样品表面组成和化学状态等的有效手段。本实验的 XPS 分析采用 PHI-1600 ESCA 型光电子能谱仪，以 Mg Kα 为阴极靶，电压 15kV，功率 300W，分析时的基础真空为 2×10^{-10} Torr。分析灵敏度为 0.8eV，结合能采用 C ls 峰位（284.6eV）为内标校正荷电效应。结果分析采用高斯与劳伦斯函数混合函数的方法。

4.4 光催化还原 CO_2 实验

4.4.1 光催化反应还原剂的配制

本实验采用液相反应，还原剂为 0.2mol/L NaOH 溶液。

用电子天平准确称量 NaOH 固体颗粒 8.0g 溶于三蒸水中，移至 1000mL 容量瓶中定容，配置成 0.2mol/L 的 NaOH 溶液。向溶液中持续通入高纯的 CO_2（纯度为 99.999%）气体，体积流量为 50mL/min，通气时间为 1h，保证 CO_2 在 NaOH 溶液中呈过饱和状态。

4.4.2　光催化反应条件及过程

本实验采用 SGY-1 型多功能光化学反应仪。

准确称量 RET 0.05g 于石英反应试管中，再加入 CO_2 过饱和的 0.2mol/L NaOH 溶液 50mL，保证催化剂的浓度为 1.0g/L。将石英试管置于光化学反应仪中，通入流量为 30mL/min 的 CO_2 气体，以补充反应过程中 CO_2 的消耗。同时通入体积流量为 0.5m³/h 的 N_2 作为载气，一方面保证 CO_2 的通入，另一方面 N_2 的流量较大可起到鼓气的作用，使催化剂在反应过程中保持悬浮状态。反应前先在黑暗中曝气 10min，完成 CO_2 在催化剂表面的预吸附。开启光源进行光催化反应，光照时间为 6h。

空白实验：a. 相同的实验条件下，不添加催化剂进行光催化还原 CO_2 的反应；b. 相同的实验条件下，以 BT 作为催化剂进行光催化还原 CO_2 的反应；c. 在不加光源的情况下，以 RET 作为催化剂进行光催化还原 CO_2 的反应。这 3 个实验中均未检测出有产物生成，说明光照和催化剂的添加是光催化还原 CO_2 反应得以进行的必要条件，此外在光催化还原 CO_2 的反应中 RET 较 BT 有更高的活性。

4.4.3　产物测定

采用顶空气相色谱法［《水和废水监测分析方法》（第 3 版），1997］对光催化还原 CO_2 的产物甲醛进行定量。首先对待测样品进行顶空预处理，具体步骤如下：将反应后的石英试管密封后在冰箱中静置 12h，直至催化剂完全沉淀，移取 25mL 的上清液至 25mL 顶空瓶（每次使用前用蒸馏水洗净，并于 120℃烘干放凉备用）中，用衬有聚四氟乙烯薄膜的医用反口橡皮塞封口，并用铁丝勒紧；然后于 70℃恒温水浴中平衡 30min，迅速用进样器扎入瓶盖 1.5~2cm，抽取上层气体，注入色谱仪，测定其峰面积进行定量。进行顶空进样 2 次，每次进样量为 1.0mL。

色谱条件：气相色谱分析仪选用 Agilent 6890N。色谱柱为 Agilent 毛细管色谱柱 DB-624（30m×0.53mm×3.00μm）。测定时的具体色谱条件为柱温 80℃；进样口温度 120℃；FID 检测器温度 250℃。

4.5　结果与讨论

4.5.1　X射线衍射（XRD）结果分析

图 4-1 为煅烧温度 500℃时制备的 BT 及 RET 纳米粉体的 XRD 图谱。

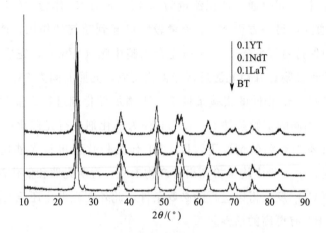

图 4-1　BT 与 RET 纳米粉体 XRD 图谱

由图 4-1 可知，所制备的 BT 及 RET 材料的特征衍射峰均为锐钛矿 101 晶面衍射峰，从 BT 谱图中能看到存在少量的金红石相（110 晶面 $2\theta = 27.5°$），RE 元素的掺杂使 TiO_2 中的金红石相减少甚至消失。这说明 RE 元素的掺杂能够有效抑制 TiO_2 由锐钛矿相向金红石相的转变，这一结果与相关文献（岳林海等，2000）的报道是一致的。由图 4-1 中还可以看出 3 种 RE 元素 La、Nd、Y 的掺杂都会使 TiO_2 衍射峰发生一定程度的宽化和钝化。另外，在各催化剂的 XRD 表征结果中未出现 RE 元素氧化物的特征衍射峰，分析造成此现象的原因是由于 RE 元素的添加量较小，再者采用溶胶-凝胶法使其能均匀分散在催化剂的体相中，因此不会聚集而产生衍射峰。

表 4-4 列出了锐钛矿 101 晶面的晶粒粒径计算结果。

表 4-4　BT 与不同添加量的 RET 纳米粉体 XRD 参数

样品名称	101 晶面位置	101 晶粒粒径/nm
BT	25.200	18.895

样品名称	101 晶面位置	101 晶粒粒径/nm
0.05LaT	25.380	15.068
0.1LaT	25.300	12.902
0.5LaT	25.299	10.683
1.0LaT	25.399	10.370
0.05NdT	25.420	13.444
0.1NdT	25.400	12.524
0.5NdT	25.359	10.487
1.0NdT	25.319	10.156
0.05YT	25.340	14.104
0.1YT	25.260	13.059
0.5YT	25.300	12.103
1.0YT	25.401	10.912

由结果可以明显看出 RE 掺杂 TiO_2 比未掺杂 TiO_2 粉体的锐钛矿 101 晶面具有更小的晶粒粒径，而且随着掺杂量的增加晶粒粒径是逐渐变小的，这说明 RE 元素的掺杂对 TiO_2 颗粒晶体的生长产生了影响。本章所选的 RE 离子半径范围为 0.088～0.106nm，均大于 Ti^{4+} 的离子半径 0.068nm，因此 RE 元素离子替换 Ti^{4+} 进入 TiO_2 晶格的可能性不大。但是其可能存在于 TiO_2 晶界位置，一方面会诱发晶格畸变，导致晶体缺陷的形成；另一方面会增加晶粒间的扩散能垒，限制晶粒间的直接接触，这两方面都会起到抑制 TiO_2 晶相转变和晶粒生长的作用。另外，过剩的 RE 离子会聚集在催化剂的颗粒表面，这也会抑制 TiO_2 晶粒的生长。

图 4-2 为不同 RE 元素及不同添加量的 RET 纳米粉体的 XRD 图谱。

由图 4-2 可知，对于同一种 RE 元素来说，随着添加量的增大，衍射峰的宽化作用是越来越明显的。峰型宽化是晶粒细化和发生微观应变共同作用的结果，当 RE 元素离子掺杂进入 TiO_2 晶界后，会引起晶格畸变和原子有序度下降，积累一定的应变能，从而抑制了晶粒的生长，造成晶粒细化或结晶度下降的现象，这说明 RE 添加量的变化对颗粒的结晶过程也有一定的影响。

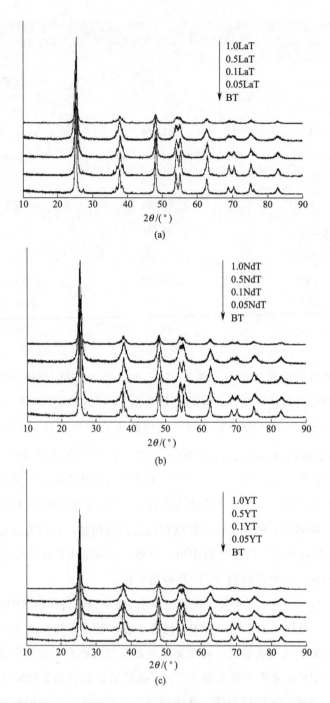

图 4-2　BT 与不同 RE 元素及不同添加量 RET 的 XRD 图谱

4.5.2　透射电镜（TEM）结果分析

图 4-3 为标尺为 20nm 时 BT 和 RE 掺杂改性纳米 TiO_2 的 TEM 全貌图照片。

由图可以看到所制备的材料均存在颗粒重叠现象，有一定程度的团聚，但在非重叠区域的外延部分仍能看到较为清晰的 TiO_2 单个晶粒，且晶粒粒径均<20nm，这与 XRD 的计算结果是一致的。

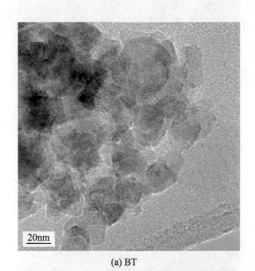

(a) BT

(b) 0.1LaT

图 4-3

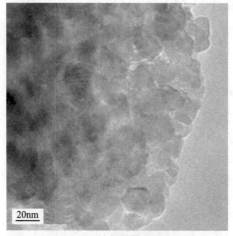

(c) 0.1NdT

(d) 0.1YT

图 4-3 BT、0.1LaT、0.1NdT 和 0.1YT 在 20nm 标尺下的 TEM 图

图 4-4 为标尺为 5nm 时 BT 和 RE 掺杂改性纳米 TiO_2 的 TEM 局部图照片，可以明显看到各 TiO_2 样品的结晶状况良好。

由图 4-4(a) 中箭头所指部位可以看到 BT 的晶格间距比较一致，但在图 4-4(b)～(d) 中，RE 掺杂改性的 TiO_2 则产生了明显的波纹（如箭头所指部位）。分析造成此现象的原因是 RE 离子的掺入影响了 Ti 原子的正常排布，进而造成了微观应变，使得晶格边缘扩展，而这一现象与 Václav 等（2009）的研究表征结果是一致的。

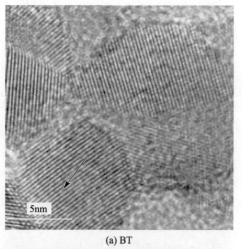

(a) BT

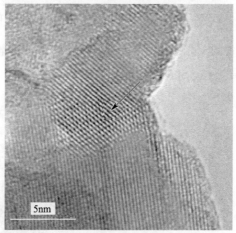

(b) 0.1LaT

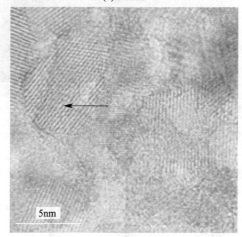

(c) 0.1NdT

图 4-4

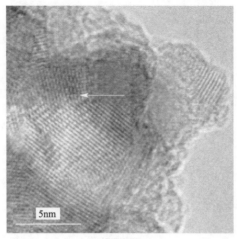

(d) 0.1YT

图 4-4　BT、0.1LaT、0.1NdT 和 0.1YT 在 5nm 标尺下的 TEM 图

图 4-5 为所制备的 La 掺杂改性 TiO$_2$ 纳米颗粒的能量弥散 X 射线谱图（Energy Dispersive X-ray Spectroscopy，EDX）。

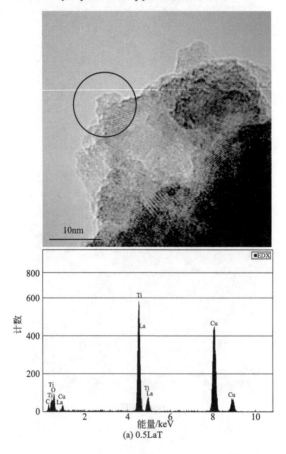

(a) 0.5LaT

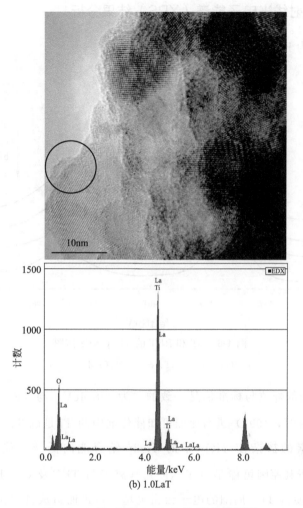

图 4-5　0.5LaT 和 1.0LaT 的 EDX 能谱图

　　由 10nm 标尺下的 TEM 图像分析颗粒的结晶状况时会发现 RE 离子掺入 TiO$_2$ 晶界后的晶格条纹与晶粒主体是有区别的。所制备的 0.05LaT 和 0.1LaT 样品可能是由于添加量太小，在 EDX 能谱图中未能检测出 La 元素的存在。但在 0.5LaT 和 1.0LaT 两个样品的能谱图中则显示出该区域除了含有 Ti、O 元素外还有 La 元素的存在，0.5LaT 和 1.0LaT 样品中 La 与 Ti 元素原子百分比分别为 0.34% 和 0.63%。这就说明了本研究采用的材料制备方法成功地使 La 掺杂进入 TiO$_2$ 颗粒中。证实了不同 RE 元素的掺杂对 TiO$_2$ 的晶型结构、颗粒大小和晶面尺寸均会产生一定程度的影响。

4.5.3　X射线光电子能谱（XPS）结果分析

图 4-6 为 BT 和 RET 的 Ti 2p XPS 谱图。

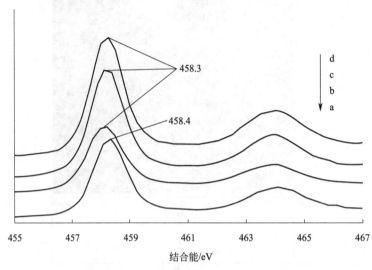

图 4-6　BT 和 RET 的 Ti 2p XPS 谱图

a—BT；b—1.0LaT；c—1.0NdT；d—1.0YT

BT 谱图的峰位与标准值是一致的，为 458.4eV，与 TiO_2 的标准结合能（Sanjinés 等，1994）进行比照可知催化剂中的 Ti 是以 Ti^{4+} 的形态存在的。RE 元素的掺杂使 TiO_2 中的 Ti 2p 结合能向低结合能方向偏移了 0.1eV，分析其原因可能是由于 RE 元素离子与 Ti^{4+} 及 O^{2-} 形成了 RE—O—Ti 键，使得 Ti^{4+} 周围的电子云密度增大，进而造成 Ti 2p 轨道结合能的降低。

图 4-7 为 BT 和 RET 的 O 1s XPS 谱图。

由图 4-7 可知，与 BT 的 O 1s 峰位相比，RE 元素的掺杂并未使其晶格氧的峰位（529.6eV）发生偏移。说明 RE 元素的掺杂对 TiO_2 纳米颗粒中的 Ti—O 键没有产生影响。

图 4-8～图 4-10 分别为 La、Nd 和 Y 三种 RE 元素掺杂 TiO_2 纳米颗粒在 RE 元素区域的 XPS 谱图。

经去卷积处理可发现，由于 RE 元素的掺杂量较少，RET 纳米颗粒在 RE 元素区域的 XPS 谱图的信噪比较小，数据点的离散性较强，但使用 XPS 分峰软件 XPSPeak41 对所得数据进行拟合后，仍可基本确定主峰位。

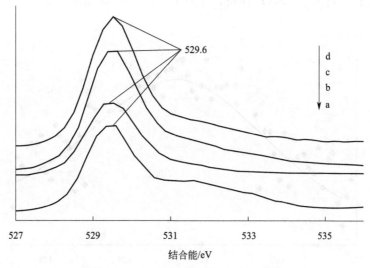

图 4-7　BT 和 RET 的 O 1s XPS 谱图

a—BT；b—1.0LaT；c—1.0NdT；d—1.0YT

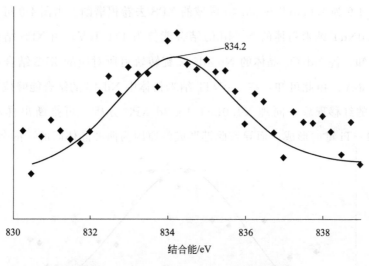

图 4-8　1.0LaT 的 La 3d XPS 去卷积谱图

图 4-8 为 1.0LaT 在 La 3d 区域的 XPS 去卷积谱图。经过去卷积分析可以确定结合能为 834.2eV 的峰位。与纯 La_2O_3 晶体的 La 3d5/2 旋转轨道的 XPS 峰位 833.7eV 相比，峰位红移了 0.5eV。这表示 1.0LaT 中 La 3d 轨道的结合能较纯 La_2O_3 的结合能有所增大，意味着在 1.0LaT 中 La^{3+} 周围的电子云密度减小，材料表面具有更多的正电荷，其原因是 La^{3+} 进入 TiO_2

晶界或 Ti^{4+} 进入了 La_2O_3 晶格，导致了 La—O—Ti 键的形成。

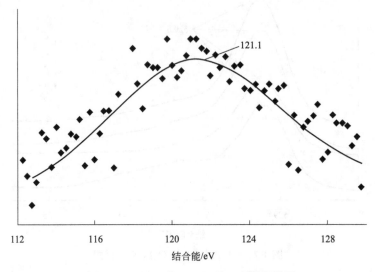

图 4-9　1.0NdT 的 Nd 4d XPS 去卷积谱图

图 4-9 为 1.0NdT 在 Nd 4d 区域的 XPS 去卷积谱图。由图 4-9 可知所制备的 1.0NdT 纳米粉体的 Nd 4d 的结合能位为 121.1eV。由 XPS 结合能数据库可知，纯 Nd_2O_3 晶体的 Nd 4d5/2 旋转轨道所对应的 XPS 结合能峰位为 120.8eV。由此可知，在 1.0NdT 纳米粉体中 Nd 4d 的结合能峰位发生了 0.3eV 的红移现象，同理（1.0LaT La 3d XPS 分析）可推断出样品中有 Nd—O—Ti 键的形成，而导致此键形成的原因为两种晶体间的互掺杂生长。

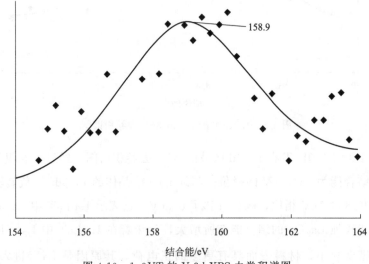

图 4-10　1.0YT 的 Y 3d XPS 去卷积谱图

图 4-10 为 1.0YT 在 Y 3d 区域的 XPS 去卷积谱图。纯 Y_2O_3 的 Y 3d5/2 旋转轨道的 XPS 峰位值为 158.6eV，而图 4-10 中的峰位出现在 158.9eV，峰位发生了 0.3eV 的红移。所制备 1.0YT 纳米粉体的 Y 3d 轨道的结合能较纯 Y_2O_3 中 Y 3d 的结合能有所增大，则从上述推论中可知，产生此现象的原因为 Y^{3+} 和 Ti^{4+} 两种离子的互掺杂生长导致了 Y—O—Ti 键的形成。

4.5.4　RE 改性 TiO_2 光催化还原 CO_2 性能评价

4.5.4.1　不同 RE 元素及不同掺杂量对光催化还原 CO_2 反应的影响

图 4-11 为不同 RE 元素及其不同掺杂量对光催化还原 CO_2 产物甲醛生成量（按每克催化剂计，本章后同）的影响。

与空白实验相比，以 BT 作为光催化剂进行光催化还原 CO_2 的反应，未能检测出甲醛的生成。经 RE 元素掺杂改性后，TiO_2 光催化剂的催化还原能力有了大幅度提高。RE 改性材料光催化效果提高的原因主要有以下几个方面。

① RE 的掺杂抑制了 TiO_2 由锐钛矿相向金红石相的转变。RE 离子进入 TiO_2 晶格后会造成晶格膨胀，并引发晶格畸变，从而抑制了金红石相的生成。通常认为晶态比非晶态 TiO_2 具有更高的光催化活性，而晶态中锐钛矿型的光催化活性又比金红石型高。分析其原因：一是锐钛矿型 TiO_2 的禁带宽度大于金红石型，在紫外光照下能吸收能量更高的光子，更容易产生光生电子和空穴；二是锐钛矿型 TiO_2 中电子在体相和表面的迁移效率也较高；另外，金红石型 TiO_2 结构相对稳定，因此活性较低。

② RE 离子的掺杂有效抑制了光生载流子的复合。RE 离子掺杂后造成纳米 TiO_2 晶粒粒径的减小，可以使光生载流子在更短的时间内从体相迁移至表面，减少其在体内的复合概率。

③ RE 离子掺杂后能提高材料的光吸收效率。一方面，TiO_2 催化剂的能带隙会随着 RE 离子的加入而变小，这就造成其可吸收光的波长范围变宽，光电转化量子产率提高；另一方面，RE 元素的离子半径比较大，远大于 Ti^{4+} 的离子半径，因此不容易形成替位掺杂。在溶胶分散的过程中，RE^{3+} 会与—Ti—O—Ti—O—体相网络结构周围的非桥氧离子发生结合。在结晶的过程中，溶胶体系中产生单个的 TiO_2 晶体，而 RE 离子则交联在

其表面以 RE-O 的形式存在，这种结构有利于对光能量的吸收（Xie 等，2004），进而表现出较高的光催化活性。

比较 La、Nd 和 Y 三种 RE 元素掺杂改性后 TiO_2 纳米粉体的光催化还原 CO_2 产物甲醛的生成量，发现 LaT 的活性明显高于 NdT 和 YT 两种材料，这说明掺杂离子的半径和电子构型等性质对材料的光催化活性也会有一定的影响。La^{3+} 的电子构型为 [Xe] 型，其 4f 轨道为全空状态，相对较稳定，捕获电子后这种稳定状态会被打破，而为了恢复其原有的稳定状态，所捕获的电子则会很容易地被释放出来，因此掺入的 La^{3+} 可以作为浅势捕获阱，促进光生电子-空穴快速移动，并实现有效分离，起到延长光生电子-空穴对寿命的作用，从而提高 TiO_2 光催化剂的量子效率和光催化活性。其次，La^{3+} 半径（0.106nm）比 Ti^{4+} 半径（0.068nm）大得多，其进入 TiO_2 晶格后会引起更大的晶格畸变，晶格缺陷也会增多，即光生电子-空穴的捕获中心数量增多，也会起到抑制两者复合的作用，有利于光催化反应的进行。Y^{3+} 的电子构型为 [Kr] 型，其 4f 轨道也为全空状态，也可以作为电子的捕获阱，但是其比 La^{3+} 少了一层电子，对最外层电子的吸引力比 La^{3+} 强，因此捕获的电子较 La^{3+} 来说不易被释放，造成光生电子数量减少，表现出的光催化性能比 La 掺杂 TiO_2 的要差。Nd^{3+} 外层电子构型为 4f3，介于全空和半满之间，处于非稳定状态，捕获后的电子不易被释放出来，形成了深势捕获，即造成光生电子的湮灭，使其无法参与光催化还原反应。因此从外层电子构型的角度看，Y^{3+}、Nd^{3+} 掺杂对光催化反应的促进作用不如 La^{3+}。RE 元素对 TiO_2 的掺杂效果是多方面因素综合作用的结果，各方面因素相互协同或竞争表现出 RE 元素对 TiO_2 催化效率提高的最终效果。

此外，RE 元素添加量对于 TiO_2 光催化剂活性的影响也比较明显。当三种 RE 元素的质量分数添加量均为 0.1% 时，RET 的光催化还原 CO_2 能力最强。当掺杂量达到最佳值时，光生电子和空穴的分离效率最高，催化剂表现出的光催化活性最高，也最有利于光催化反应的进行。当掺杂量超过最佳值时，随着掺杂离子的加入，表面光生电子和空穴的复合中心增多，进而造成催化剂光催化活性的降低。另外，过剩的 RE 离子可能形成 RE 氧化物或氢氧化物沉积在 TiO_2 晶粒的表面，甚至对其产生包覆，不仅会抑制 TiO_2 的晶型发育，而且会对反应物的有效吸附产生影响，阻碍光生电子和空穴向表面迁移和催化剂对光能量的吸收，最终反映为 TiO_2 光催化剂的活性降低，光催化还原 CO_2 的能力下降。

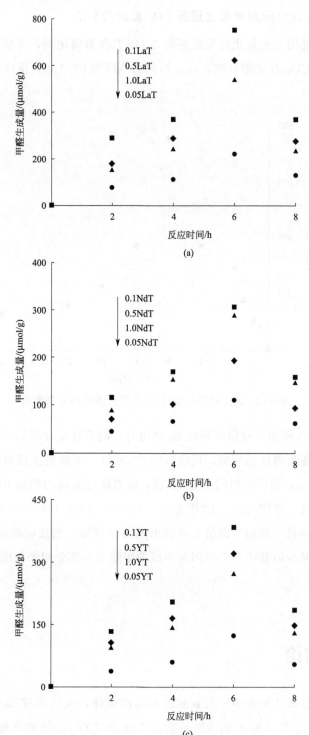

图 4-11　不同 RE 添加量对 RET 光催化还原 CO_2 的影响

4.5.4.2 反应时间对光催化还原 CO₂ 反应的影响

本实验选用了光催化效果最好的 0.1LaT 作为催化剂，考察光照时间对光催化还原 CO₂ 反应的影响，反应时间的范围为 0～16h，反应结果如图 4-12 所示。

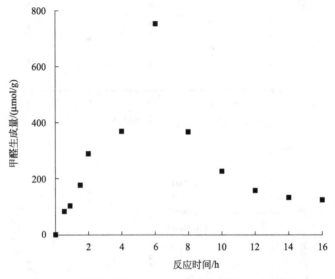

图 4-12　光照时间对 0.1LaT 光催化还原 CO₂ 的影响

由图 4-12 可知，反应时间在 6h 之内时，随着反应时间的增加，产物甲醛的产量呈逐渐增加的趋势；反应时间为 6h 时，甲醛的生成量达到最大为 753.21μmol/g；当反应时间超过 6h 后，随着反应时间的增加甲醛的生成量逐渐减少。这一规律与图 3-12 中光照时间对 0.6CuT 光催化还原 CO₂ 甲醛生成量的影响是一致的。由第 2 章得出的结论可知，当反应时间超过 6h 后甲醛生成量减少的其中一个原因是生成的甲醛有一部分用来合成另一种产物丙酮了。

4.6　结论

本章以钛酸丁酯和 RE 元素硝酸盐为前驱体，采用溶胶-凝胶法分别制备了 La、Nd、Y 三种不同 RE 元素掺杂改性 TiO₂ 的纳米光催化剂粉体，考察了用不同种类及添加量的 RE 元素掺杂的 TiO₂ 纳米粉体对光催化还原

CO_2 反应的影响。

根据实验结果得到以下结论：

① 所制备的 BT 及 RET 纳米粉体均为锐钛矿，La、Nd、Y 的掺杂起到了抑制 TiO_2 颗粒晶体生长的作用，而且随着添加量的增加晶粒粒径呈现逐渐变小的趋势。

② 与 BT 相比，RET 由于 RE 离子的掺入影响了 Ti 原子的正常排布，造成了微观应变，从标尺为 5nm 时的 TEM 局部图照片中可以看出 RET 材料的晶格间距不一致，有明显的波纹现象。

③ RE 离子的掺杂使其与 Ti^{4+} 及 O^{2-} 形成了 RE—O—Ti 键，Ti^{4+} 周围的电子云密度增大，进而造成 RET 材料的 Ti 2p 轨道结合能较 BT 有 $0.1eV$ 的降低；O 1s 峰位没有偏移，说明 RE 离子的掺杂对 TiO_2 纳米颗粒中的 Ti—O 键没有产生影响；La、Nd 和 Y 三种 RE 元素的 XPS 谱图与标准峰位相比均发生了红移现象，说明由于两种晶体间的互掺杂生长在样品中形成了 RE—O—Ti 键。

④ RE 元素的掺杂改性可显著提高 TiO_2 纳米粉体的光催化还原 CO_2 的活性。但在制备条件、反应条件、添加量均相同的情况下，在 La、Nd、Y 三种 RE 元素中，LaT 纳米粉体活性最高。

⑤ RET 纳米粉体的光催化活性还与掺杂元素的添加量有关，添加量以 RE/Ti 的元素质量分数为 0.1% 时最优，以 0.1% 的 LaT 纳米粉体为催化剂，光催化还原 CO_2 反应 6 h，甲醛的生成量最大可达 $753.21\mu mol/g$。

参 考 文 献

[1] 国家环保局，《水和废水监测分析方法》编委会，1997. 水和废水监测分析方法 [M]. 第 3 版. 北京：中国环境科学出版社.

[2] 刘光华，2007. 稀土材料学 [M]. 北京：化学工业出版社.

[3] 岳林海，水森，徐铸德，等，2000. 稀土掺杂二氧化钛的相变和光催化活性 [J]. 浙江大学学报（理学版），27（1）：69-74.

[4] Sanjinés R，Tang H，Berger H，et al，1994. Electronic structure of anatase TiO_2 oxide [J]. Journal of Applied Physics，75（6）：2945-2951.

[5] Spurr R A，Myers H，1957. Quantitative analysis of anatase-rutile mixtures with an X-ray diffractometer [J]. Analytical Chemistry，29：760-762.

[6] Václav S；Snejana B，Nataliya M，2009. Preparation and photocatalytic activity of rare earth doped TiO_2 nanoparticles [J]. Materials Chemistry and Physics，114

(1)：217-226.

[7]　Xie Y B，Yuan C W，2004. Photocatalysis of neodymium ion modified TiO$_2$ sol under visible light irradiation [J] . Applied Surface Science，221 (1)：17-24.

[8]　Xu A W，Gao Y，Liu H Q，2002. The preparation，characterization and their photocatalytic activities of rare-earth-doped TiO$_2$ nanoparticles [J] . Journal of Catalysis，207 (2)：151-157.

第5章

RE与Cu共改性TiO₂光催化活性研究

　　本章分别采用双元素共掺杂改性和掺杂改性与半导体复合相结合的方法制备RE和Cu共改性TiO₂纳米光催化材料，期望利用共掺离子或复合半导体的不同作用机理发挥协同作用，实现优势互补，通过对TiO₂纳米材料结构的优化，达到提高其光催化活性的目的。

　　本章仍然采用光催化还原CO₂反应来测试光催化材料活性。

5.1　实验材料与仪器

（1）实验药品与试剂

　　如表5-1所列。

表 5-1　实验药品与试剂

药品/试剂名称	分子式	规格	生产厂家
钛酸丁酯	$Ti(OC_4H_9)_4$	分析纯	天津市江天化工技术有限公司
硝酸	HNO_3	分析纯	天津市江天化工技术有限公司
无水乙醇	CH_3CH_2OH	分析纯	天津市江天化工技术有限公司
硝酸镧	$La(NO_3)_3 \cdot 6H_2O$	分析纯	天津市科密欧化学试剂厂
硝酸钕	$Nd(NO_3)_3 \cdot 6H_2O$	分析纯	天津市光复精细化工研究所
硝酸钇	$Y(NO_3)_3 \cdot 6H_2O$	分析纯	天津市江天化工技术有限公司
氢氧化钠	$NaOH$	分析纯	天津市江天化工技术有限公司
二氯甲烷	CH_2Cl_2	色谱纯	天津四友精细化学品有限公司
三蒸水	H_2O	—	天津大学
二氧化碳气体	CO_2	99.999%	天津立祥气体有限公司
氮气	N_2	工业纯	天津立祥气体有限公司

（2）实验仪器设备

如表 5-2 所列。

表 5-2　实验仪器设备

仪器名称	型号与规格	生产厂家
电子天平	AL204 型	Metter Toledo Group
定时数显恒流泵	HL-2D 型	上海沪西分析仪器厂
磁力搅拌器	DHT 型	天津大学达昌高科技有限公司
pH 计	PHS-3C 型	上海精密仪器有限公司
光化学反应仪	SGY-1 型	南京斯东科电器公司
电热恒温鼓风干燥箱	DS-20 型	天津中环实验电炉有限公司
程序升温马弗炉	SX2-25-12 型	天津中环实验电炉有限公司
自动双重纯水蒸馏器	SZ-93 型	上海亚荣生化仪器厂
旋转蒸发器	RE-2000B 型	巩义市英峪高科仪器厂
X 射线衍射仪（XRD）	D/MAX2500 型	日本理学
场发射透射电子显微镜（TEM）	Tecnai G2-F20 型	荷兰 Philips
X 射线光电子能谱仪（XPS）	PHI-1600 型	美国 Perkin Elmer
气相色谱仪（GC）	6890N 型	美国 Agilent

5.2　RE 与 Cu 共改性 TiO_2 纳米粉体制备

根据第 2 章的研究结果，确定 Cu 元素掺杂改性和复合改性的最佳质量分数添加量分别为 0.6% 和 20%，采用溶胶-凝胶法制备煅烧温度为 500℃ 的不同添加量的 RE 和 Cu 共掺杂改性的 TiO_2 纳米粉体。

5.2.1　RE-0.6CuT 纳米粉体的制备

在 Cu 掺杂改性 TiO_2 纳米粉体中，Cu 元素的最佳添加量是 Cu/Ti 元素质量分数为 0.6%，现选用这个掺杂比与不同的 RE 元素（La、Nd、Y）进行共掺杂改性。RE/Ti 的元素质量分数分别为 0.05%、0.1%、0.5% 和 1.0%。采用与前两章相同的溶胶-凝胶法制备 Cu 和 RE 共掺杂改性 TiO_2 纳米粉体，通过考察其光催化还原 CO_2 产物甲醛的生成量，确定最佳的共掺比例，以进一步提高 TiO_2 纳米材料光催化还原 CO_2 的活性。

缩写标识说明（质量分数）如下。

纯 TiO_2：BT。

0.05% 镧改性 0.6CuT 纳米粉体：0.05LCT。

0.1％镧改性 0.6CuT 纳米粉体：0.1LCT。

0.5％镧改性 0.6CuT 纳米粉体：0.5LCT。

1.0％镧改性 0.6CuT 纳米粉体：1.0LCT。

0.05％钕改性 0.6CuT 纳米粉体：0.05NCT。

0.1％钕改性 0.6CuT 纳米粉体：0.1NCT。

0.5％钕改性 0.6CuT 纳米粉体：0.5NCT。

1.0％钕改性 0.6CuT 纳米粉体：1.0NCT。

0.05％钇改性 0.6CuT 纳米粉体：0.05YCT。

0.1％钇改性 0.6CuT 纳米粉体：0.1YCT。

0.5％钇改性 0.6CuT 纳米粉体：0.5YCT。

1.0％钇改性 0.6CuT 纳米粉体：1.0YCT。

5.2.2　La-20CuT 共改性纳米粉体

在 CuO/TiO_2 复合半导体材料中，当 Cu 添加量为 Cu/Ti 元素质量分数 20％时，其光催化活性最高。因此在 CuO 最佳复合量条件下，选用 La 元素为代表制备不同添加量的 La-20CuT 纳米粉体，La/Ti 元素质量分数分别为 0.05％、0.1％、0.5％、1.0％。

缩写标识说明（质量分数）如下。

纯 TiO_2：BT。

0.05％镧改性 20CuT 纳米粉体：0.05LCOT。

0.1％镧改性 20CuT 纳米粉体：0.1LCOT。

0.5％镧改性 20CuT 纳米粉体：0.5LCOT。

1.0％镧改性 20CuT 纳米粉体：1.0LCOT。

5.3　表征分析方法

5.3.1　X 射线衍射分析

本实验使用日本理学 D/MAX2500 型 X 射线衍射仪分析所制备的 RE 与 Cu 共改性 TiO_2 纳米粉体的晶相组成及晶体结构。检测采用 Cu Kα 辐射，衍射光束经 Ni 单色器滤波，其波长为 $\lambda = 0.15418nm$。加速电压和电流分别为 40kV 和 200mA，衍射角 2θ 的扫描范围为 $10° \sim 90°$。晶粒大小采用 Scherrer 公式（Spurr 等，1957）进行计算，详见式(3-1)。

5.3.2 透射电镜分析

本实验采用 Tecnai G2-F20 场发射透射电子显微镜表征 RE 与 Cu 共改性 TiO_2 纳米粉体的表面形貌。将样品放入少量无水乙醇中，超声分散 5min，取少量液滴分散在有铜网支撑的碳膜上烘干，然后在 TEM 下观察所制备的纳米粉体的形貌。仪器工作电压为 150kV，真空度高于 6.7×10^{-7} Pa，点分辨率为 0.248nm，线分辨率 0.102nm，放大倍数可达 105 万倍。采用场发射电子枪，配备了高角环形暗场探测器，可以进行扫描透射分析，分辨率可达 0.34nm。

5.3.3 X 射线光电子能谱

XPS 是一种高灵敏度的表面分析技术，其探测深度一般为表面层下 $20 \sim 50\text{Å}$，是研究样品表面组成和化学状态等的有效手段。本实验的 XPS 分析采用 PHI-1600 ESCA 型光电子能谱仪，以 Mg Kα 为阴极靶，电压 15kV，功率 300W，分析时的基础真空为 2×10^{-10} Torr。分析灵敏度为 0.8eV，结合能采用 C ls 峰位（284.6eV）为内标校正荷电效应。结果分析采用高斯与劳伦斯函数混合函数的方法。

5.4 光催化还原 CO_2 实验

5.4.1 光催化反应还原剂的配制

本实验采用液相反应，还原剂为 0.2mol/L NaOH 溶液。用电子天平准确称量 NaOH 固体颗粒 8.0g 溶于三蒸水中，移至 1000mL 容量瓶中定容，配置成 0.2mol/L 的 NaOH 溶液。向溶液中通入高纯的 CO_2（纯度为 99.999%）气体，体积流量为 50mL/min，通气时间为 1h，保证 CO_2 在

NaOH 溶液中呈过饱和状态。

5.4.2　光催化反应条件及过程

本实验采用 SGY-1 型多功能光化学反应仪。准确称量 0.05g 催化剂于石英反应试管中，再加入 CO_2 过饱和的 0.2mol/L NaOH 溶液 50mL，则催化剂的浓度为 1.0g/L。将石英试管置于光化学反应仪中，通入流量为 30mL/min 的 CO_2 气体，以补充反应过程中 CO_2 的消耗。同时通入体积流量为 $0.5m^3/h$ 的 N_2 作为载气，一方面保证 CO_2 的通入，另一方面 N_2 的流量较大可起到鼓气的作用，从而使催化剂在反应过程中保持悬浮状态。反应前先在黑暗中曝气 10min，完成 CO_2 在催化剂表面的预吸附。开启光源进行光催化反应，光照时间为 6h。

空白实验：a. 相同的实验条件下，不添加催化剂进行光催化还原 CO_2 的反应；b. 相同的实验条件下，以 BT 作为催化剂进行光催化还原 CO_2 的反应；c. 在不外加光源的情况下，分别以 RE-0.6CuT 和 La-20CuT 作为催化剂进行光催化还原 CO_2 的反应。这 4 个实验均未检测出有产物生成，说明光照和催化剂的添加是光催化还原 CO_2 反应得以进行的必要条件，此外所制备的 RE-0.6CuT 和 La-20CuT 纳米粉体在光催化还原 CO_2 的反应中较 BT 有更高的活性。

5.4.3　产物测定

光催化还原 CO_2 产物甲醛的生成量采用顶空气相色谱法 [《水和废水监测分析方法》（第 3 版），1997] 进行定量。

(1) 样品顶空预处理

将反应后的石英试管密封后于冰箱中静置 12h，直至催化剂完全沉淀，移取 25mL 的上清液至 25mL 顶空瓶（每次使用前用蒸馏水洗净，并于120℃烘干放凉备用）中，用衬有聚四氟乙烯薄膜的医用反口橡皮塞封口，并用铁丝勒紧。然后于 70℃ 恒温水浴中平衡 30min，迅速用进样器扎入瓶盖 1.5~2cm，抽取上层气体，注入色谱仪，测定其峰面积进行定量。顶空进样 2 次，每次进样量为 1.0mL。

（2）色谱条件

气相色谱分析仪选用 Agilent 6890N。色谱柱为 Agilent 毛细管色谱柱 DB-624（30m×0.53mm×3.00μm）。测定时的具体色谱条件为柱温 80℃；进样口温度 120℃；FID 检测器温度 250℃。

5.5　结果与讨论

5.5.1　RE-0.6CuT 纳米粉体光催化还原 CO_2 研究

5.5.1.1　XRD 表征结果与分析

图 5-1 为 BT 及 RE-0.6CuT 纳米粉体的 XRD 图谱。

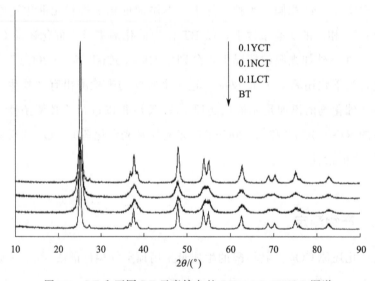

图 5-1　BT 和不同 RE 元素掺杂的 RE-0.6CuT XRD 图谱

各图谱的特征衍射峰均为锐钛矿型 TiO_2 的 101 晶面（$2\theta=25.2°$），BT 中存在少量金红石相（$2\theta=27.5°$），RE 元素和 Cu 的共掺杂使 TiO_2 的金红石相减少甚至消失，这说明 RE、Cu 元素共掺杂会抑制 TiO_2 由锐钛矿相向金红石相的相变。另外，催化剂中掺杂的 RE 和 Cu 元素的添加量很少，并且采用溶胶-凝胶法使其能均匀分散在催化剂的体相中，因此不会聚集而产生特征衍射峰。

图 5-2 为 BT 和不同 La 添加量的 La-0.6CuT 的 XRD 图谱。

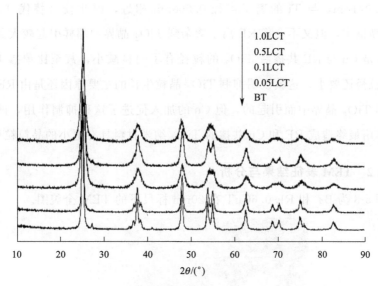

图 5-2　BT 和不同 La 添加量的 La-0.6CuT XRD 图谱

由图 5-2 可知，1.0LCT 的 TiO_2 弥散峰发生的宽化和钝化作用最明显，这说明随着 La 元素掺杂量的增加会使改性 TiO_2 呈现晶粒细化和结晶度下降的趋势。

利用 Scherrer 公式计算 101 晶面晶粒大小，结果见表 5-3。

表 5-3　BT、0.6CuT 及 RE-0.6CuT 纳米粉体的 XRD 参数

样品名称	101 晶面位置	101 晶粒粒径/nm
BT	25.200	18.895
0.6CuT	25.240	15.161
0.05LCT	25.340	13.102
0.1LCT	25.360	12.003
0.5LCT	25.320	10.118
1.0LCT	25.300	9.472
0.05NCT	25.230	13.177
0.1NCT	25.159	11.524
0.5NCT	25.221	10.467
1.0NCT	25.320	9.287
0.05YCT	25.310	14.001
0.1YCT	25.301	12.159
0.5YCT	25.420	10.022
1.0YCT	25.400	9.810

结果表明单掺 Cu 对于 TiO_2 粒径影响不大，这可能是因为 Cu 的离子半径为 0.071nm，与 Ti 的离子半径 0.068nm 相近，因此较易替代 Ti 进入 TiO_2 晶格中，但又不会像 RE 离子掺杂到 TiO_2 晶界中那样引起较大晶格畸变。但是 Cu 与 RE 共掺后 TiO_2 的粒径有了明显减小，甚至比单掺 RE 的 TiO_2 粒径还要小，这就说明抑制 TiO_2 晶粒生长的主要原因还是由 RE 元素掺杂到 TiO_2 晶界中而引起的，但 Cu 的加入促进了这种抑制作用，两者的协同作用最终造成 RE 和 Cu 共掺的 TiO_2 纳米材料具有更小的晶粒粒径。

5.5.1.2　TEM 表征结果与分析

图 5-3 为 BT 和 RE-0.6CuT 在 20nm 标尺下的 TEM 全貌图。

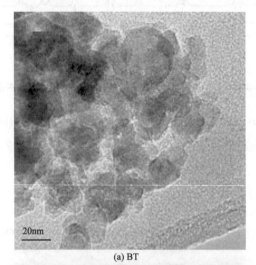

(a) BT

(b) 0.1LCT

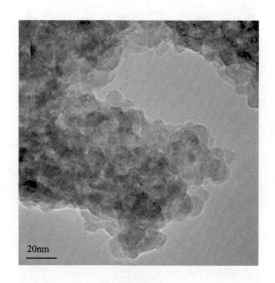

(c) 0.1NCT

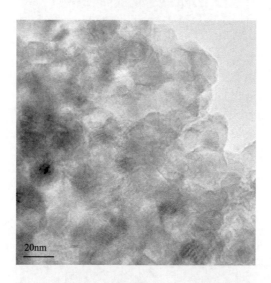

(d) 0.1YCT

图 5-3　BT 和 RE-0.6CuT 在 20nm 标尺下的 TEM 全貌图

由图 5-3 看出 RE 与 Cu 共掺杂起到了抑制晶粒长大的作用，材料的晶粒粒径均 < 20nm，但所制备纳米材料有较为严重的团聚现象。

图 5-4 显示标尺为 5nm 下 BT 和 RE-0.6CuT 的 TEM 局部放大电镜照片。

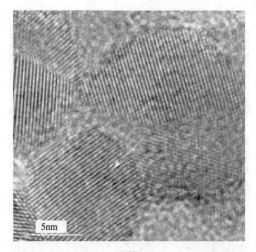

(a) BT

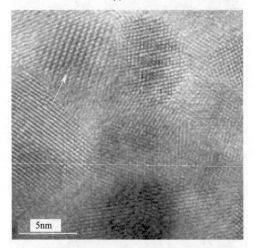

(b) 0.1LCT

(c) 0.1NCT

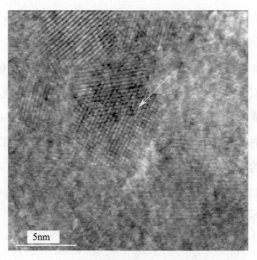

(d) 0.1YCT

图 5-4   BT 和 RE-0.6CuT 在 5nm 标尺下的 TEM 图

由图 5-4 可以看到各样品结晶状况良好，共掺后的晶格波纹更加明显。分析其原因可能是 Cu^{2+} 的离子半径与 Ti^{4+} 的离子半径相接近，能够形成替位掺杂而进入 TiO_2 晶格中，影响原本 Ti 原子在晶格中的排布。另一方面，RE 元素离子的掺杂加大了微观应力，使晶格畸变更加明显。

5.5.1.3   XPS 表征结果与分析

图 5-5 是 1.0LCT 纳米粉体的 XPS 全谱图。

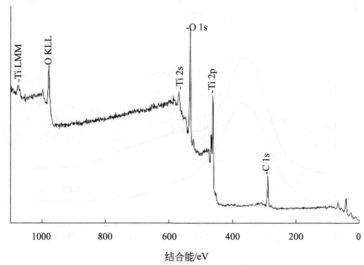

结合能/eV

图 5-5   1.0LCT 纳米粉体的 XPS 全谱图

图 5-5 中显示的只有 C、O、Ti 三种元素的特征峰，谱图中没有出现 La 在 835eV 附近的特征峰和 Cu 在 933eV 附近的特征峰，这说明在 TiO_2 催化剂表面 La 和 Cu 元素的含量很低，掺杂的 La 和 Cu 主要分散于 TiO_2 体相中。

BT 和 1.0LCT 纳米粉体 XPS 谱如图 5-6 所示，其中，图 5-6（a）为 BT 和 1.0LCT 纳米粉体在 Ti 2p 区域的 XPS 谱图，图 5-6（b）显示的是 BT 和 1.0LCT 纳米粉体在 O 1s 区域的 XPS 谱图。1.0LCT 在 Ti 2p 的峰位较 BT 有一定程度的偏移，其原因可能是掺杂元素离子与 Ti^{4+} 及 O^{2-} 形成了 M—O—Ti 键（M 为 Cu 或 La），使得 Ti^{4+} 周围电子云密度增大，造成 Ti 2p 轨道的结合能由 458.4eV 降至 458.3eV。

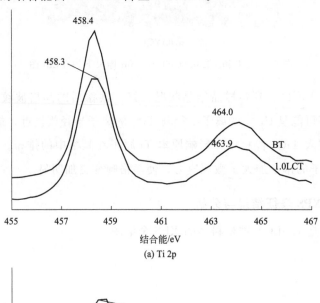

(a) Ti 2p

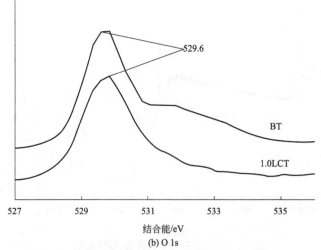

(b) O 1s

图 5-6　BT 和 1.0LCT 纳米粉体 XPS 谱图

5.5.1.4　RE-0.6CuT 纳米粉体光催化还原 CO_2 性能评价

图 5-7 所示为以 RE-0.6CuT 为催化剂，光催化还原 CO_2 反应 6h 时，产物甲醛的生成量（按每克催化剂计，本章后同）受不同 RE 元素添加量的影响。

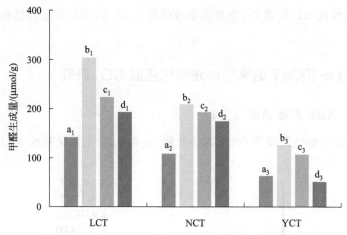

图 5-7　RE-0.6CuT 对光催化还原 CO_2 的影响

a_1—0.05LCT；b_1—0.1LCT；c_1—0.5LCT；d_1—1.0LCT；

a_2—0.05NCT；b_2—0.1NCT；c_2—0.5NCT；d_2—1.0NCT；

a_3—0.05YCT；b_3—0.1YCT；c_3—0.5YCT；d_3—1.0YCT

由图 5-7 可知，从 RE 元素添加量的影响方面分析，3 种 RE 元素（La、Nd、Y）均是当质量分数添加量为 0.1% 时光催化还原 CO_2 的效果最好，之后随着添加量的增加，光催化效果逐渐变差。对于不同的 RE 元素来讲，光催化还原 CO_2 效果最好的还是 La 元素，0.1La-0.6CuT 纳米粉体光催化还原 CO_2 反应 6h，甲醛生成量为 $304.49\mu mol/g$。在相同的反应条件下，0.1Nd-0.6CuT 生成甲醛的量为 $208.33\mu mol/g$，而 0.1Y-0.6CuT 生成甲醛的量仅为 $126.60\mu mol/g$。

与 BT 相比，RE 与 Cu 共掺改性 TiO_2 表现出了一定的光催化还原 CO_2 的性能，说明共掺改性对于催化剂活性提高具有一定的作用。但是与单掺 RE 改性的 TiO_2 相比，共掺改性 TiO_2 作为光催化剂进行还原反应后产物甲醛的生成量明显减少，说明 2 种元素对于 TiO_2 的共掺改性作用发生了相互抵消甚至是对抗效果，导致共改性后的 TiO_2 材料还原 CO_2 的性能反而降低了。分析造成共掺改性材料光催化效果降低的原因主要为：RE 离子的掺杂引起了较大的晶格畸变，造成较多的晶格缺陷和氧空位，可以作为光生电子和空穴的捕获阱，而铜离子一般以 Cu^{2+} 的形式存在，也可以捕获光生电子。但是过多的捕获阱会转变为光生电子与空穴的复合中心，导致光生电子和空穴的复合概率增加，这样必然会导致改性 TiO_2 光催化材料活性的降低。因此，在本实验条件下，RE 与 Cu 共改性 TiO_2 纳米粉体光催化还原 CO_2 的活性比 RE 或者 Cu 单独掺杂改性的 TiO_2 粉体的光催化活性都要低。

5.5.2　La-20CuT 纳米粉体光催化还原 CO_2 研究

5.5.2.1　XRD 表征结果与分析

图 5-8 为煅烧温度为 500℃时 BT 和 La-20CuT 光催化剂的 XRD 图谱。

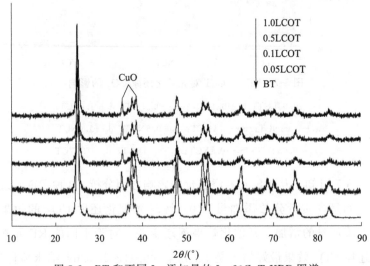

图 5-8　BT 和不同 La 添加量的 La-20CuT XRD 图谱

由图 5-8 所示，所制备材料的特征衍射峰仍为锐钛矿型 TiO_2 的 101 晶面，同时 La 元素掺杂和 CuO 复合共改性起到了抑制材料向金红石相转变的作用。此外，在 2θ 为 35.54° 和 38.76° 处出现了两个 CuO 的特征衍射峰，说明 La-20CuT 中有 CuO 晶相的存在。而 CuO 在 TiO_2 中一般有两种存在形式：一种是分散态，另一种是聚集态，从分散态到聚集态的转变存在单层分散阈值（Xu 等，1998）。郑柏存等（1992）对以 TiO_2 为载体不同 CuO 负载量的催化剂进行 XRD 的分析结果表明，CuO 有一定的单层分散阈值，当负载量低于这个阈值时 CuO 呈高分散非晶相，当负载量高于这个阈值时 CuO 则完成单层分散而形成晶相，即呈现聚集态的 CuO。导致 CuO 形成不同状态的原因是由 TiO_2 表面结构不均匀性造成的，聚集态 CuO 主要在 TiO_2 表面的层错、扭曲等晶格缺陷部位发育而成（Komova 等，2000）。因此可以推断，TiO_2 催化剂中不仅存在 CuO 晶相的聚集态，还存在高度分散的铜物种。

另外，从图 5-8 还可以看出 La 元素掺杂和 CuO 复合共改性作用造成 TiO_2 特征衍射峰发生了明显的宽化和钝化。利用 Scherrer 公式计算 101 晶面的晶粒大小，结果见表 5-4。

表 5-4   BT 和 La-20CuT 纳米粉体的 XRD 参数

样品名称	101 晶面位置	101 晶粒粒径/nm
BT	25.200	18.895
0.05LCOT	25.340	14.963
0.1LCOT	25.440	13.356
0.5LCOT	25.340	16.705
1.0LCOT	25.320	14.828

不同 La 元素掺杂量的 La-20CuT 的晶粒粒径均有不同程度的减小，但未随着掺杂量的增加呈规律性变化，这表明单质 La、Cu 和 CuO 相以更复杂的形式影响着 TiO_2 的结晶过程。

5.5.2.2　TEM 表征结果与分析

图 5-9 为不同 La 元素添加量的 La-20CuT 在 20nm 标尺下的 TEM 全貌图。

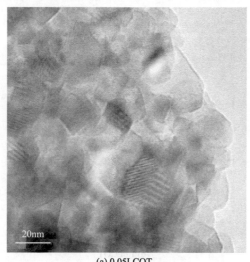

(a) 0.05LCOT

图 5-9

(b) 0.1LCOT

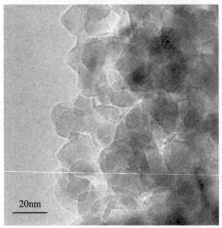

(c) 0.5LCOT

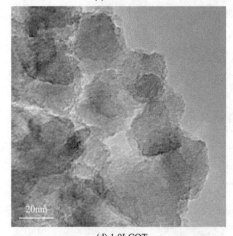

(d) 1.0LCOT

图 5-9　La-20CuT 20nm 标尺下的 TEM 全貌图

由图 5-9 可以看出不同 La 元素添加量的 La-20CuT 材料的晶粒粒径均小于 20nm，说明共改性作用也起到了抑制晶粒生长的作用。但晶粒抑制作用并不是随着 La 的添加量的增加而增强的，这与 XRD 表征结果是一致的。

图 5-10 为 5nm 标尺下不同 La 添加量的 La-20CuT 纳米粉体的 TEM 局部放大电镜照片。

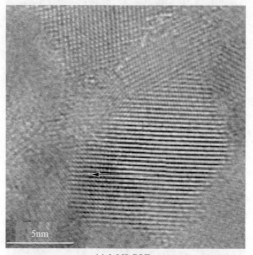

(a) 0.05LCOT

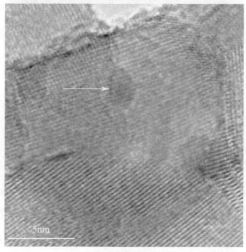

(b) 0.1LCOT

图 5-10

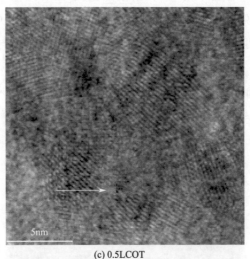

(c) 0.5LCOT

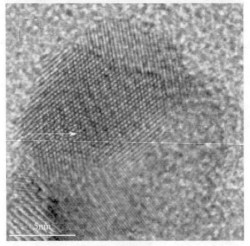

(d) 1.0LCOT

图 5-10　La-20CuT 在 5nm 标尺下的 TEM 图

由图 5-10 可见，各样品结晶状况良好，La 元素掺杂和 CuO 复合共改性后样品的晶格波纹也很明显。如图 5-10 所示，图 5-10(a)、(c)、(d) 中有一些细小的黑色斑点，图 5-10(b) 中箭头所指部位有较大的片状深色斑点，分析此现象可能是由于 Cu 元素添加量较大而出现的分散态或聚集态的 CuO 颗粒（郑柏存等，1992）。

5.5.2.3　XPS 表征结果与分析

图 5-11 是 BT 和 1.0La-20CuT 纳米粉体的 XPS 全谱图。

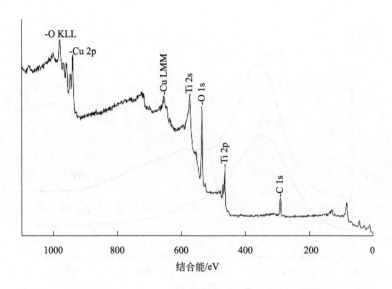

图 5-11　BT 和 1.0La-20CuT 纳米粉体的 XPS 全谱图

图 5-11 中显示有 C、O、Ti、Cu 四种元素的特征峰，但没有出现 La 元素的特征峰，说明 La 元素由于含量太低而未能被检出。

图 5-12 为 BT 和 1.0La-20CuT 纳米粉体在 Ti 2p 和 O 1s 区域的 XPS 谱图。

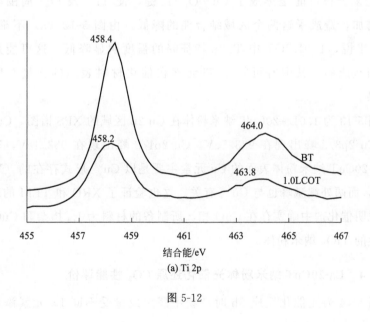

(a) Ti 2p

图 5-12

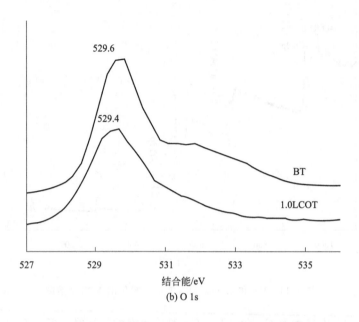

図 5-12　BT 和 1.0La-20CuT 纳米粉体的 XPS 谱图

与 BT 相比，La 元素掺杂和 CuO 复合共改性 TiO$_2$ 催化材料在 Ti 2p 及 O 1s 区域的峰位均发生了 0.2eV 的偏移，这说明 La 元素的掺杂和 CuO 的复合很可能是形成了 Cu—O—Ti 键，使 Ti^{4+} 及 O^{2-} 周围电子云密度增加，造成了这两个区域结合能的降低。由图 5-12（a）不难看出，较 BT 来说，1.0LCOT 中 Ti 2p 特征峰的强度明显降低，这可能是多方面原因造成的，其中有可能是 Ti 元素在催化材料表面的含量有所下降的结果。

图 5-13 为 1.0La-20CuT 纳米粉体在 Cu 2p 区域的 XPS 谱图，Cu 2p 的主峰 Cu 2p3/2 峰出现在 933.5eV，Cu 2p1/2 峰出现在 953.4eV，表明在 1.0La-20CuT 纳米粉体表面的 Cu 元素主要是以 Cu^{2+} 形式存在的（Xie 等，2004），而两处震激峰也与 Cu^{2+} 有关。这也验证了 XRD 和 TEM 的表征结果，说明催化剂中确实存在 CuO 相，所制备的材料为 La 掺杂和 CuO 复合共改性的 TiO$_2$ 纳米粉体。

5.5.2.4　La-20CuT 纳米粉体光催化还原 CO$_2$ 性能评价

图 5-14 为光催化反应 6h 时产物甲醛生成量受不同 La 元素添加量的影响。

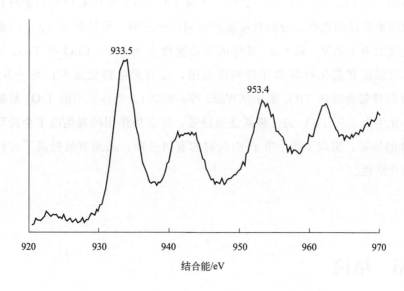

图 5-13　1.0La-20CuT 纳米粉体的 Cu 2p XPS 谱图

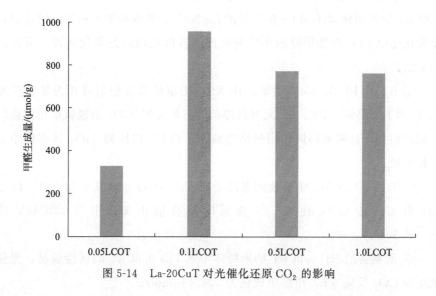

图 5-14　La-20CuT 对光催化还原 CO_2 的影响

由图 5-14 可以明显看出，在不同 La 元素添加量的催化材料中以 La/Ti 元素质量分数为 0.1% 的催化材料活性最高，这说明 RE 元素的掺杂不是越多越好，而是存在一个最优值，掺杂量过高反而会降低材料的光催化活性。同时与 CuO 复合后 TiO_2 的光催化活性也有了较大提高，光催化还原 CO_2 反应后甲醛的生成量比单掺 RE 的催化剂要高。在相同反应条件下，光催化还原 CO_2 反应 6 h，0.1LaT 生成甲醛的量为 753.21μmol/g，0.1La-20CuT 生成

甲醛的量为 $953.53\mu mol/g$，说明 CuO 与 TiO_2 的半导体复合有利于材料光催化还原活性的提高。分析其可能的原因：一方面，锐钛矿型 TiO_2 的禁带宽度较大为 3.2eV，而 CuO 晶体的禁带宽度为 1.7eV，CuO 与 TiO_2 复合后，可以拓宽催化材料的光谱响应范围，提高光电转化效率；另一方面，CuO 的导带能级比 TiO_2 更正（Wang 等，2009），当体系中的 TiO_2 被激发后，光生电子从 TiO_2 的价带跃迁至导带，受电势作用的光生电子会迁移至 CuO 的导带，实现了光生电子-空穴对的有效分离，从而有效提高了材料的光催化活性。

5.6 结论

本章采用溶胶-凝胶法分别制备了不同掺杂元素和不同掺杂量的 RE-0.6CuT 纳米粉体及不同 La 掺杂量的 La-20CuT 共改性纳米粉体。通过测定光催化还原 CO_2 产物甲醛的生成量来评价各催化剂的光催化活性，可得出如下结论：

① BT 及 RE-0.6CuT 纳米粉体 XRD 图谱的特征衍射峰均为锐钛矿型 TiO_2 的 101 晶面。RE、Cu 元素共掺杂能有效抑制 TiO_2 由锐钛矿相向金红石相的相变，且两者协同作用最终造成 RE 和 Cu 共掺的 TiO_2 具有更小的晶粒粒径。

② 1.0La-0.6CuT 中掺杂元素离子与 Ti^{4+} 及 O^{2-} 形成了 M—O—Ti 键（M 为 Cu 或 La），使 Ti 2p 轨道的结合能由 BT 中的 458.4eV 降至 458.3eV。

③ 所制备的 RE-0.6CuT 纳米粉体中 0.1La-0.6CuT 的活性最高，光催化还原 CO_2 反应 6 h，甲醛生成量为 $304.49\mu mol/g$。

④ 不同 La 元素掺杂量的 La-20CuT 的晶粒粒径较 BT 均有不同程度的减小，但未随着掺杂量的增加呈规律性变化，这表明单质 La、Cu 和 CuO 相以更复杂的形式影响着 TiO_2 的结晶过程。

⑤ La-20CuT 纳米粉体的 TEM 局部放大电镜照片中可以观察到一些黑色斑点，分析此现象可能是由于 Cu 元素添加量较大而出现的分散态或聚集态的 CuO 颗粒。其中 1.0La-20CuT 纳米粉体在 Cu 2p 区域的 XPS 谱图中

Cu^{2+} 的存在也验证了上述推断。

⑥ 不同 La 掺杂量的 La-20CuT 纳米粉体中，0.1La-20CuT 的光催化活性最高，光催化还原 CO_2 反应 6h，生成甲醛的量为 953.53μmol/g。

参考文献

[1] 国家环保局，《水和废水监测分析方法》编委会，1997. 水和废水监测分析方法 [M]. 第 3 版. 北京：中国环境科学出版社.

[2] 郑柏存，汪仁，1992. CuO 在 TiO_2 载体表面上的分散状态 [J]. 催化学报，13 (6)：425-431.

[3] Komova O V，Simakov A V，Rogov V A，et al，2000. Investigation of the state of copper in supported copper-titanium oxide catalysts [J]. Journal of Molecular Catalysis A：Chemical，161 (2)：191-204.

[4] Spurr R A，Myers H，1957. Quantitative analysis of anatase-rutile mixtures with an X-ray diffractometer [J]. Analytical Chemistry，29：760-762.

[5] Wang Q，Nathan R N，Arthur J F，et al，2009. Constructing ordered sensitized heterojunctions：bottom-up electrochemical synthesis of p-type semiconductors in oriented n-TiO_2 nanotube arrays [J]. Nano Letters，9 (2)：806-813.

[6] Xie Y B，Yuan C W，2004. Photocatalysis of neodymium ion modified TiO_2 sol under visible light irradiation [J]. Applied Surface Science，221 (1)：17-24.

[7] Xu B，Dong L，Chen Y，1998. Influence of CuO loading on dispersion and reduction behavior of CuO/TiO_2 (anatase) system [J]. Journal of the Chemical Society，Faraday Transactions，94 (13)：1905-1909.

第6章 光催化还原 CO_2 反应条件研究

在光催化还原 CO_2 的反应体系中，决定反应产物生成量的因素除了光催化剂本身的性能外，光催化反应条件也是影响还原反应产物生成量的重要因素。本章将重点讨论光催化还原 CO_2 反应过程中催化剂浓度、CO_2 的体积流量、初始溶液 pH 值、空穴捕获剂等因素对产物生成量的影响，通过对各反应条件的优化来提高光催化还原 CO_2 反应的效率。

6.1 催化剂浓度对光催化还原 CO_2 反应影响

催化剂浓度是影响光催化反应的一个关键因素。当催化剂浓度过小时，受光源激发的光子较少且不能完全转化为化学能，使光子能量得不到充分的利用。随着催化剂浓度的增加，反应物在催化剂表面的吸附也在增加，使更多的反应物能参与到光催化反应中来，产生更多活性物种，同时增大反应的固-液接触面，进而提高整个光催化反应的反应效率。但当催化剂浓度过高时，光子的散射作用也在增加，会有部分光子被散射出反应器，从而减少了总的光子入射量，导致光催化反应效率的降低。此外，催化剂的浓度过高时，外层催化剂会对入射光产生遮挡作用，使底层催化剂可吸收的光减少，同时过量的催化剂会造成对光的屏蔽散射作用，影响溶液透光率，从而影响催化剂的光催化效果（陈姗姗等，2009）。因此，催化剂浓度的高低会对活性自由基的生成数量和溶液的透光率产生影响，从而影响整个反应的催化效果，而且选择合适的催化剂加入量也有利于降低不必要的催化剂消耗。

本实验以 0.6CuT 纳米粉体为催化剂，在反应条件、过程与第 3 章相同的情况下光催化反应 6h，考察不同催化剂浓度对产物甲醛生成量（按每克催化剂计，本章后同）的影响，结果如图 6-1 所示。

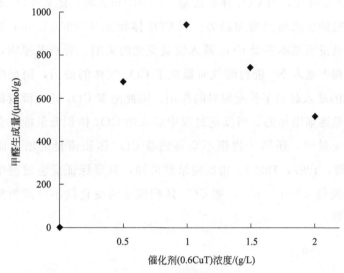

图 6-1　催化剂 （0.6CuT） 浓度对光催化还原 CO_2 的影响

由图 6-1 可以明显看出，当催化剂的浓度＜1g/L 时，随着催化剂浓度的增加，甲醛的生成量也呈增加的趋势，催化剂浓度的增加，有利于更多反应物吸附在催化剂表面，吸收更多的紫外光照，提高了光子生成率，进而促进了光催化还原 CO_2 反应的进行；当催化剂的浓度为 1g/L 时，光催化还原 CO_2 反应的甲醛生成量最大；当催化剂的浓度＞1g/L 时，甲醛的生成量随着催化剂加入量的增加而呈逐渐减少的趋势，产生该现象的原因是由于过多的催化剂对入射的紫外光产生了屏蔽作用，对反应液的透光率产生了影响，反而降低了光子的生成率。因此，在本研究的实验条件下催化剂的最佳浓度为 1g/L。

6.2　CO_2 体积流量对光催化还原 CO_2 反应影响

在光催化还原 CO_2 反应体系中，CO_2 气体的通入不仅作为反应物为光催化反应提供原料，同时也起到了辅助搅拌的作用，更有利于催化剂处于悬浮状态，从而均匀地分散在整个反应液中。

本实验选用 0.6CuT 纳米粉体作为催化剂，在反应条件、过程与第 3 章相同的情况下光催化反应 6h，通入的 CO_2 体积流量分别为 15mL/min、30mL/min、60mL/min 和 100mL/min。考察反应过程中 CO_2 体积流量的变化对产物甲醛生成量的影响，结果如图 6-2 所示。

由图 6-2 可知，当 CO_2 体积流量＜30mL/min 时，随着 CO_2 通入流量的增大甲醛的生成量呈增加趋势；当 CO_2 体积流量≥30mL/min 时，产物甲醛的生成量则基本不受 CO_2 通入流量变化的影响。分析其原因，是由于在反应过程中通入 N_2 进行曝气时造成了 CO_2 气体的溢出，而反应过程中 CO_2 气体的通入起到了补充原料的作用，因此随着 CO_2 通入流量的增大甲醛生成量是逐渐增加的。当反应过程中通入的 CO_2 体积流量能完全弥补溢出量和反应量时，还原产物则不会再随着 CO_2 体积流量的增加而增加了（Kaneco 等，1997，1998）。由反应结果可知，只要保证反应过程中通入的 CO_2 体积流量≥30mL/min，则 CO_2 体积流量的变化就不会成为整个反应的限速步骤。

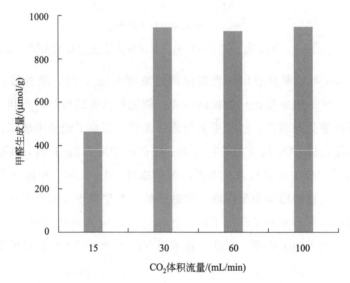

图 6-2　CO_2 体积流量变化对光催化还原 CO_2 的影响

6.3　反应液初始 pH 值对光催化还原 CO_2 反应影响

6.3.1　光催化反应

配制 0.2 mol/L NaOH 溶液，通 CO_2 饱和后测得溶液 pH 值为 10，用 0.1 mol/L HCl 溶液将反应液的 pH 值分别调为 2、4、6、8、10。选用

0.6CuT 为催化剂，其他反应条件、过程与第 3 章所述相同，考察反应液初始 pH 值的不同对光催化还原 CO_2 反应的影响。

6.3.2 Zeta 电位测定实验

6.3.2.1 Zeta 电位测定原理

Zeta 电位又叫电动电位（ζ-电位），是指剪切面（Shear Plane）的电位，是表征胶体分散系稳定性的重要指标。分散于液相介质中的固体颗粒，因水解、吸附、解离或晶格取代等作用，其表面是带电的。在静电引力作用下，固体颗粒周围就会形成一带相反电荷的离子层，这样微粒表面的电荷与其周围的离子就构成了双电层，与固体表面离子带相反电荷的离子称为反离子（张小平，2008；傅玉普，2003）。

Gouy 和 Stern 等建立的双电层理论认为，由于离子的热运动，反离子并不是全部整齐地排列在一个面上，而是随着距界面的远近有一定的浓度分布。以溶胶中胶粒的一部分为例，其电荷分布的情况如图 6-3 所示。

由图 6-3 可知，当粒子本身带正电时，在靠近粒子表面的一层负离子有较大的浓度；随着与界面距离的增大，过剩的负离子浓度逐渐减少，直到界面 CD 处过剩负离子的浓度等于零，即正负离子的浓度相等。

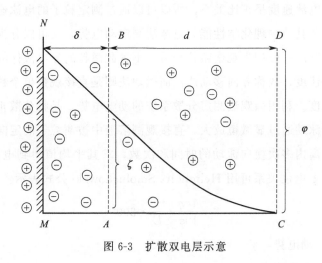

图 6-3　扩散双电层示意

双电层可分为两部分：一部分为紧靠固体表面的不流动层，称为紧密层，其中包含了被吸附的离子和部分过剩的异电离子，其厚度为 δ，即由固

体表面至虚线 AB 处；另一部分包括从 AB 到距表面为 d 处的范围，称为扩散层，在这层中过剩的反离子逐渐减少而至零，这一层是可以流动的。由这两部分所形成的双电层，称为扩散双电层（简称双电层）。双电层中与固体表面不同距离处的电势，如图 6-3 中曲线所示。在 CD 液层中，过剩反离子浓度为 0，固体表面 MN 吸附一定量的离子，其电势相对于 CD 处为 φ，或者说 MN 与 CD 间电势差为 φ，称为热力学电势。固体表面（包括紧密层）AB 处的电势，其数值（相对于 CD 面）为 ζ，即指 AB 与 CD 间的电势差。由于紧密层中有部分反离子抵消固体表面所带电荷，故 ζ 电势的绝对值 $|\zeta|$ 小于热力学电势的绝对值 $|\varphi|$。$|\zeta|$ 的大小与反离子在双电层中的分布情况有关，一般说来，反离子分布在紧密层越多，相应的在扩散层就越少，则 $|\zeta|$ 越小。ζ 电势为双电层的电势，只有在胶粒和分散介质作反向移动时才能显示出来，故称为动电电势或 ζ 电势。ζ 电势的正负则根据吸附离子的电荷符号来决定，胶粒表面吸附正离子，则 ζ 电势为正；表面吸附负离子，则 ζ 电势为负。

目前测量 Zeta 电位的方法主要有电泳法、电渗法、流动电位法以及超声波法，其中以电泳法应用最广。电泳的基本原理是：分散系统中分散相与分散介质接触时，在扩散双电层的滑动面上存在动电电势，当在外加电场作用下，悬浮在液相介质中的微粒将向其所带电荷符号相反的电极方向移动。动电电势和电泳速度呈正比关系，所以可以通过测定粒子的电泳速度来研究其动电电势及其他物理化学性能。电泳法测定动电势，又可以分为宏观法和微观法。宏观法一般用来观察微粒与另一不含此微粒的导电液体的界面在电场中的移动速度，故称界面移动法；而微观法则是直接观察单个粒子在电场中的泳动速度。利用微观法测定分散系统的动电电势，是将分散相粒子在电场作用下的泳动通过显微镜放大，直接观测溶液中被测粒子的定向运动，读出在一定距离内多次换向泳动的时间和次数，求其平均值得到电泳速度 v。电泳速度与 ζ 电位关系可用 Helmholtz-Smoluchowski 公式表示：

$$\zeta = \frac{4\pi\eta}{10\varepsilon} \cdot \frac{v}{E} \cdot 300^2 \tag{6-1}$$

式中　ζ——动电势，V；

$\quad\quad v$——电泳速度，cm/s；

$\quad\quad E$——电势梯度，等于电泳池的端电压除以电极距离；

$\quad\quad v/E$——电泳淌度，$cm^2/(s \cdot V)$；

η——液体的黏度系数，Pa·s；

ε——液体的介电常数。

由式(6-1)可知，只要测得粒子的电泳速度 υ，即可得到其电动势 ζ。

6.3.2.2 Zeta 电位测定实验

本研究通过测定不同 pH 值反应溶液中催化剂表面的 Zeta 电位，确定分散体系颗粒物的固-液界面电性，得到 pH-Zeta 电位关系图，从而分析催化剂的表面电性，研究界面反应过程的机理。本实验采用 JS94G＋型微电泳仪（上海中晨数字技术设备有限公司）测定不同 pH 值反应液的 Zeta 电位。首先，取不同 pH 值的反应溶液 20mL，将 0.6CuT 按 1g/L 的浓度加入溶液中，然后将样品超声分散 10min，取出待测。每个 pH 值的 Zeta 电位重复测定 3 次，取平均值。

实验结果如图 6-4 所示。

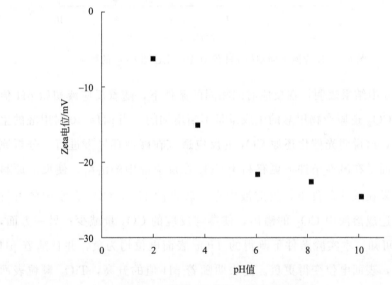

图 6-4 不同 pH 值反应液的 Zeta 电位

6.3.3 实验结果与讨论

本研究在液相光催化反应体系中采用 NaOH 溶液作为还原剂，目的是为了能够提高 CO_2 在液相反应体系中的溶解度，增大光催化反应体系中反应物 CO_2 的浓度，促进反应向正方向进行。此外，以 NaOH 溶液作为还原剂会增加催化剂表面 OH^- 的数目，OH^- 可以作为空穴捕获剂与催化剂表面光生空穴发生反应，同时提高催化剂表面光生电子-空穴对的分离效率，进而使更多的光生电子参与到光催化还原 CO_2 的反应中。

图 6-5 所示为反应液不同初始 pH 值对光催化还原 CO_2 反应的影响。

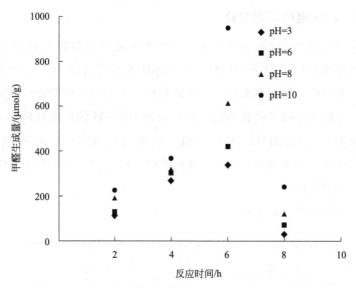

图 6-5　反应液不同初始 pH 值对光催化还原 CO_2 的影响

图 6-5 中结果表明，在反应时间相同的条件下，随着反应液初始 pH 值的升高，CO_2 还原产物甲醛的生成量是不断增加的，当 pH＝10 时甲醛的生成量最高，这说明光催化还原 CO_2 的反应适宜在碱性环境下进行。分析原因，一方面是在碱性条件下更有利于 CO_2 在反应液中的溶解，使反应原料充足，如果在酸性条件下，反应液中存在较多的 H^+，CO_2 在水中的溶解度下降，造成溶液中 CO_2 的溢出，使参与反应的 CO_2 量减少；另一方面，由图 6-4 可知，本实验条件下测得的 TiO_2 表面电位均为负，并且随着 pH 值的升高，表面电位变得更负。这表明随着 pH 值的升高，TiO_2 颗粒表面的负离子数量是逐渐增多的。因此，在本研究的实验条件下，当反应液初始 pH 值为 10 时光催化还原 CO_2 反应的效率最高。

6.4　空穴捕获剂对光催化还原 CO_2 反应影响

光催化反应得以有效进行，得益于光照射半导体材料所激发产生的光生电子和空穴。光生空穴具有强氧化性，光生电子具有强还原性，是光催化反应顺利进行必不可少的条件。但是这些高活性的光生电子和空穴极易复合，降低了光催化反应的效率。为了抑制光生电子-空穴对的复合，在光催化还原反应中常常向反应体系中加入一定量的空穴捕获剂，通过消耗更多的光生空穴来达到促进还原反应进行的目的。常用的空穴捕获剂有醇（甲醇、乙醇）、酸（甲酸、草酸）及有机盐（草酸钠）等。由前面得出的结论可知，本研究在碱性条件下更有利于光催化还原 CO_2 反应的进行。因此，本研究重点考察了甲醇、乙醇及草酸钠 3 种空穴捕获剂对光催化还原 CO_2 反应的影响。

本研究以 0.6CuT 为光催化剂，光照时间为 6 h，反应条件、过程与第 3 章所述相同。加入不同量的甲醇、乙醇和草酸钠，使其在反应液中的浓度分别为 0、0.01mol/L、0.1mol/L 和 1.0mol/L。反应结果如图 6-6 所示。

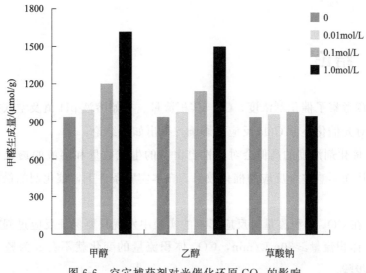

图 6-6　空穴捕获剂对光催化还原 CO_2 的影响

图 6-6 为不同空穴捕获剂及其不同浓度对光催化还原 CO_2 反应中甲醛生成量的影响。由图 6-6 中所示结果可知，在添加浓度相同的情况下，3 种空穴捕获剂中甲醇对反应的促进效果最好，当浓度为 1.0mol/L 时产物中甲醛生成量由原来的 945.51μmol/g 提高至 1622.03μmol/g。对于甲醇和乙醇两种捕获剂来说，随着其在反应液中浓度的增加，对反应的促进作用也是不断加强的。然而对于草酸钠来说，其在反应液中的添加对光催化反应有一定的促进作用，但效果不明显，甲醛的生成量与未添加时相比略有增加。分析

产生上述结果的原因主要有以下几点：

① 空穴捕获剂的添加可以消耗催化剂表面的光生空穴，使更多的光生电子参与还原反应，提高了光生电子-空穴对的分离效率。同时作为电子给予体为光催化还原 CO_2 反应提供更多可利用的自由电子，因此对光催化还原反应的进行起到了促进作用。

② 甲醇和乙醇两种捕获剂是随着添加浓度的增加对应产物甲醛的生成量也是不断增加的，这是因为随着添加浓度的增加，反应过程中吸附在催化剂表面的甲醇或乙醇的量也越来越多，因而能消耗更多的光生空穴，提高整个反应的效率。

③ 草酸钠添加产生的实验现象可以从催化剂表面电荷方面来进行解释。由于在碱性条件下，材料表面是带负电荷的，不利于草酸根离子在催化剂表面的吸附，因此草酸钠在催化剂表面的吸附量较少，对整个反应没有明显的促进作用。

6.5 结论

本章考察了催化剂浓度、CO_2 体积流量、初始溶液 pH 值及空穴捕获剂等因素对光催化还原 CO_2 反应的影响，得出如下结论：

① 催化剂浓度的高低会对活性自由基的生成数量和溶液的透光率产生影响，从而影响整个反应的催化效果。在本实验条件下，催化剂的最佳浓度为 1g/L。

② 在 CO_2 体积流量对反应影响的实验中发现只要保证反应过程中通入的 CO_2 体积流量≥30mL/min，CO_2 体积流量的变化就不会成为整个反应的限速步骤。

③ 在本研究的实验条件下，当反应液初始 pH 值为 10 时催化剂表面的 Zeta 电位最负，光催化还原 CO_2 反应的效率也最高。

④ 考察甲醇、乙醇和草酸钠 3 种空穴捕获剂对光催化还原 CO_2 反应的影响，发现甲醇对反应的促进作用最好。当甲醇浓度为 1.0mol/L 时，产物中甲醛的生成量由原来的 945.51μmol/g 可提高至 1622.03μmol/g。

参 考 文 献

[1] 陈姗姗，李怀祥，曲丕丞，2009. 锆掺杂纳米 ZnO 粉体的制备及其光催化性能

　　　　［J］. 纳米科技，6（6）：16-20.

［2］ 傅玉普，2003. 物理化学简明教程［M］. 大连：大连理工大学出版社.

［3］ 张小平，2008. 胶体界面与吸附教程［M］. 广州：华南理工大学出版社.

［4］ Kaneco S，Kurimoto H，Ohta K，et al，1997. Photocatalytic reduction of CO_2 using TiO_2 powders in liquid CO_2 medium［J］. Journal of Photochemistry and Photobiology A：Chemistry，109（1）：59-63.

［5］ Kaneco S，Shimizu Y，Ohta K，et al，1998. Photocatalytic reduction of high pressure carbon dioxide using TiO_2 powders with a positive hole scavenger［J］. Journal of Photochemistry and Photobiology A：Chemistry，115（3）：223-226.

第7章

TiO$_2$ 基镁铝水滑石光催化活性研究

7.1 水滑石材料特性

7.1.1 水滑石的性质

水滑石类层状材料，也可以称作层状双羟基复合金属氢氧化物（Layered Double Hydroxides，LDHs），是由水滑石（Hydrotalcite，HT）、类水滑石化合物（Hydrotalcite-Like Compounds，HTLCs）及其插层化学产物柱撑水滑石（Pillard Hydrotalcite）构成的。水滑石材料属于一类典型的阴离子型层状化合物，由两部分构成：带正电荷的层板，以及填充在层板间的带负电荷的阴离子，水滑石主体层板上金属离子的类别、主体层板电荷、插层阴离子类别和其数目都是可调节变换的（毕博，2012）。其空间结构为有序的由层间阴离子以及带正电荷层板堆积而成的片状薄膜结构，组成通式为：

$$[M^{II}_{1-x}M^{III}_x(OH)_2]^{x+}(A^{n-})_{x/n} \cdot m H_2O$$

式中　M^{II}——二价金属离子；

　　　M^{III}——三价金属离子；

　　　A^{n-}——阴离子。

$$x = M^{(III)}/[M^{(II)} + M^{(III)}], 0.2 \leqslant x \leqslant 0.33$$

通常，金属阳离子的半径只有和镁离子（Mg^{2+}）的半径大致相同才能进入水滑石层板中；A^{n-} 为进入主体层板的阴离子，包括各种无机阴离子、配合物阴离子和有机阴离子，彼此之间能够相互转换。

实验证明，层与层之间的距离取决于阴离子在主体层板间的类别、大小、取向、键能大小以及主体层板上的羟基（李蕾等，2001）。X 为 $M^{3+}/(M^{2+}+M^{3+})$ 的摩尔数之间的比，含义是主体层板电荷密度，一般认为 X 取值非常小（0.2～0.33）时可以制备得到具有唯一晶型的水滑石（Kooli 等，1997）。H_2O 填充在层板区域中除阴离子占据的区域以外的空间（毕博，2012）。

典型的水滑石材料是以碳酸根离子为插层阴离子的镁铝碳酸根型水滑石，它的化学式是 $Mg_6Al_2(OH)_{16}CO_3 \cdot 4H_2O$，主体结构和水镁石 $Mg(OH)_2$ 非常相似。纳米量级的主体层板是由相邻的 MgO_6 八面体共同棱构建的，在特定条件下 Al^{3+} 可以同晶代替主体层板上的 Mg^{2+}，这样使得水滑石层板骨架带上正电荷。层板空隙存在的 CO_3^{2-}，以弱的化学键和主体层板相连，因此水滑石结构是电中性的。此外，在保留层状特殊结构的前提下能把层板间的水分子除掉。

关于水滑石的研究近年来发展比较迅速，研究表明水滑石是一类阴离子型黏土，包括天然的水滑石和人工合成的水滑石。由于水滑石具有带电性、记忆功能、热稳定性、吸附性、催化性、阴离子可交换性、碱性等特殊的物理化学性质，使水滑石在阻燃剂、催化剂载体、吸附剂、水处理药剂等领域具有十分广泛的应用。天然的水滑石成分复杂，并且分离提纯比较困难，而人工合成的水滑石由于成分单一、纯度高而成为各种运用的首选（张永等，2007）。

水滑石的主要特性有如下几点。

7.1.1.1　酸碱双功能性

LDHs 同时具有酸性和碱性。碱性催化性能得益于板间存在的碱性位，碱性强弱由组分中的二价金属氢氧化物碱性的强弱决定。通常 LDHs 的表观碱性非常小，煅烧得到的物质（Layered Double Oxide，LDO）才表现强的碱性。水滑石组分中的三价金属离子则影响着材料的酸性。有的时候插层 LDHs 材料的酸性会由插层阴离子提供。

7.1.1.2　热稳定性

水滑石一般加热到一定温度后，无机阴离子水滑石材料经去除物理吸附水、去除层间水分子、层板羟基脱水、脱除层板间隙阴离子及形成新相等过程而发生了热分解（Vicente，2002；李泽江，2008）。就 Mg-Al-LDHs 而言，加热温度在 200℃ 以下，LDHs 只脱除水分，主体结构不受破坏；升温至 250~450℃ 时，不仅脱除水分，而且还生成 CO_2；升温至 450~500℃，水分基本脱除，CO_3^{2-} 全部转化为 CO_2，剩余产物为 $Mg_6Al_2O_8(OH)_2$（许家友等，2013；Bellotto 等，1996；Dimotakis 等，1990）。对水滑石进行加热处理，可以部分破坏水滑石有序层状结构并增加表面积以及孔容。加热温度不超过 600℃ 时热分解是可逆的，材料的表面积和孔面积有所增大，并产生酸碱中心；升温大于 600℃ 之后，反应得到的产物发生烧结，导致材料的表面积变小，孔体积缩小，并生成尖晶石 $MgAl_2O_4$（Kanezaki，1998）。有机阴离子插层水滑石材料加热后的变化为：在 25~300℃ 之间，脱除表面物理吸附水和间隙结合水；在 300~500℃ 之间，脱除层板羟基；高于 500℃ 后会发生有机阴离子的脱除和燃烧（Newman 等，1998）。

7.1.1.3　层间阴离子可交换性

由于水滑石的片层之中插入了各种阴离子，这些阴离子可与其他有机离子、无机离子、同种离子、杂多离子或者配位化合物的阴离子等进行离子交换。水滑石这样的性能为我们合成各种类型、不同功能的水滑石材料提供了一种容易实现的方法，即在水滑石合成的过程中根据需要来变换水滑石片层间阴离子种类或质量分数达到合成不同功能水滑石材料的目的。同时，为了暴露较多的活性中心，获取较多的反应空间，能以体积较大的阴离子替换体积较小的阴离子。阴离子的特征以及电荷数量决定了离子交换的难易程度（刘儒平等，2013；高艳丽，2012；吴晓妮，2010）。

7.1.1.4　记忆效应

水滑石的记忆效应，即在水滑石的空间结构找到部分破坏时，将水滑石放入还有特定阴离子的溶液中，水滑石的结构可能得到恢复的特性。然而，不是所有结构被破坏的水滑石都能够恢复的，一般焙烧温度在 500℃ 以下的水滑石，其结构是有可能能够恢复的；焙烧温度达到 600℃ 以上后，水滑石将会被结烧成一种难以恢复的具有晶尖结构的产物。

7.1.1.5　组成和结构的可调控性

水滑石是一类化合物，没有固定的组成。区分水滑石种类的依据是元素种类、比例以及水滑石的空间结构的差异等，其元素组成或空间结构不同，水滑石的性质和种类也会有所区别。

7.1.2 水滑石的用途

近年来，对水滑石材料的研究与应用越来越多，已经成为材料科学领域的热点之一，水滑石凭借其特殊的空架结构及其物化性质，在吸附剂、催化剂、阻燃剂等领域得到越来越广泛的应用。对于水滑石的应用是基于其具有的热稳定性、酸性、特殊的层状结构、碱性等性质（燕丰，2008）。

7.1.2.1 催化方面的应用

水滑石层状结构和层间阴离子可进行离子交换的特点，特别适合用于碱性催化剂、氧化还原催化剂等的载体或水滑石本身即可作为催化剂使用。相对于传统的氢氧化钠、氢氧化钾等碱性催化剂，水滑石作为多相碱性催化剂具有传统碱性催化剂无可比拟的优点而在许多催化反应中将其取代。

7.1.2.2 医药方面的应用

运用层间阴离子的可交换性，以水滑石材料作为主体或者模板储库，把药物分子存储到水滑石中，合成新型药物——无机复合物。该类复合物还作为一种新型药物缓释剂，药物的缓释是把药物活性分子与载体结合后，注射进活的生物身体内，通过扩散、渗透等方式缓慢释放药物分子来实现药物治疗效果（唐明义等，1998）。这种方式能降低药品使用量，提升药物利用率。

水滑石呈弱碱性，可作为酸碱缓冲剂，又能搭载特定粒子团抑制胃蛋白酶活性，且药效显著、持久。研究表明，通过在水滑石层间插入磷酸盐阴离子，既继承传统抗酸药的优点，又避免使用传统抗酸药会导致缺磷综合征和软骨病等副作用的困扰；可用于胃长期处于酸性环境中而导致的胃炎、十二指肠溃疡胃溃疡等胃病，一般使用碱性药物进行治疗，其原理是利用碱性药物中和缓冲胃酸，降低胃液酸性，并且通过抑制剂抑制胃蛋白酶活性减少胃酸产生，从而恢复胃的正常功能。因而水滑石作为无毒害抗酸药被广泛应用，具有取代传统抗酸药的趋势（任志峰，2002）。

7.1.2.3 离子交换和吸附方面的应用

阴离子型的有机污染物等水体中的有毒污染物难以处理，它们污染范围广，利用常规的吸附剂难以去除，LDHs能用作一种优异的阴离子吸附剂或有效载体运用于水污染的处理（任志峰等，2002）。

水滑石片层间可以插入各种阴离子，利用这个性能，水滑石可作为离子交换剂或吸附剂使用，其层间阴离子种类对阴离子交换能力有较大影响，一般情况是，高价的阴离子更易于通过离子交换反应进入水滑石片层中，而低价的阴离子则易于被交换出来，交换顺序是 $CO_3^{2-} > OH^- > SO_4^{2-} > HPO_4^{2-} > F^- > Cl^- > Br^- > I^-$。水滑石的片状薄膜结构使水滑石具有大的比表面积，并且由于其离子交换性，水滑石很容易接受客体分子。近几年水滑石已经有作为吸附剂或离子交换剂处理各种废水的例子，例如去除溶液中某些金属离子的络合离子［如 $Ni(CN)_4^{2-}$、CrO_4^{2-} 等］可利用水滑石作为离子交换剂。水滑石作为离子交换剂，具有阴离子交换树脂的优点，又兼具离子交换容量较大、稳定性好、耐辐射、耐高温等优点（李娜，2012）。

7.1.2.4　在电工行业的应用

含卤阻燃材料在高温环境中容易释放出有毒性、腐蚀性的气体，损害人体以及精密仪器，而低烟无卤的阻燃材料无毒、无腐蚀性气体释放，为避免含卤材料燃烧时所带来的伤害，研究使用环保阻燃材料是目前最好的选择。

目前，粒状氢氧化镁、氢氧化铝作为无卤阻燃材料在电工行业使用，具有一定的优点：可同时起阻燃剂和填充作用；无毒，燃烧时不会释放有毒、腐蚀性的气体，同时又兼具抑烟功能，不易挥发，且经济、廉价、易得。氢氧化铝在低温下（约为 200℃）就会分解，而氢氧化镁分解温度较高，约320℃时才会分解。相对于氢氧化镁，氢氧化铝在抑制材料温度的上升、降低材料表面的放热量、提高材料自燃温度以及延长引燃时间等方面表现良好。但是，在提高材料的自燃温度和氧指数以及促进炭化效果等方面氢氧化镁的作用效果较好。镁铝水滑石在高温或低温都能够分解，具有较宽的阻燃温度范围；同时，水滑石分解时无烟，又可以用作填充剂；另外还具有氢氧化铝以及氢氧化镁的优点，是目前具有良好发展前景的无毒、高效、环保的阻燃剂。

7.1.2.5　光、电、磁化学方面的应用

LDHs 具有特殊的层次结构，它的板间空隙区域可作为光化学反应场所。运用水滑石的插层性能及层板可调变性，把有机紫外吸收剂引入层板空隙，可让水滑石材料兼备对紫外线进行物理屏蔽与紫外吸收的两种功效，能较好地避免紫外辐射给生物健康带来危害（燕丰，2008；任志峰，2002）。

在电化学方面，受到晶格能最低效应和晶格定位效应的双重影响，LDHs层板结构上的金属离子规则地排列，利用其结构的这一特点，可以将LDHs用作反应的前驱体，合成超级电容器的电极材料、锂离子电池的负极材料等。该方法制备的电极材料元素分布规则、产品纯度高（马小利等，2011；文杏，2007；张国臣，2012；胡仙超等，2014）。

在磁化学方面，以LDHs材料为前驱体，根据其化学组成的可调控性，把磁性材料插入到层板上，通过煅烧形成尖晶石铁氧体。

7.1.3　水滑石的合成方法

自然中存在的LDHs类型少、杂质多、结晶度不高，不能满足科研和实际利用的需求。人工合成可通过控制LDHs的合成温度、晶化时间和溶液温度来控制LDHs的成核速度，从而达到控制晶粒尺寸和分布的目的，制备出性能优良的LDHs材料（燕丰，2008）。

LDHs材料的制备一般包括以下几种方法。

7.1.3.1　低温饱和共沉淀法

共沉淀法是水滑石制备最常用也是制备过程比较简单的方法。

本法首先制备构成镁铝水滑石成分的金属镁离子和铝离子的前提混合溶液，在氢氧化钠和碳酸钠控制反应环境的pH值下发生的共沉淀反应，再经过晶化、离心、洗涤、干燥、焙烧制得。在反应过程中控制反应环境的pH值在9～10之间，将金属离子与碱缓慢混合于装有蒸馏水的至于恒温水浴锅的烧杯中，混合过程中持续搅拌，使溶剂充分混合，之后动态晶化12h，再静态晶化6h。反应后可得到乳白色絮状沉淀，经离心洗涤至中性、干燥焙烧得到成品水滑石。

共沉淀法具有如下优点：

① 可在常温常压下进行；

② 可以制备多种不同M^{2+}/M^{3+}的水滑石，并且初始加入的金属盐的比例与产物中的M^{2+}/M^{3+}值相同；

③ 使用不同种类的金属盐可以制得层间阴离子不同的水滑石。

7.1.3.2　水热合成法

水热合成法需在一定的压力、温度条件下进行反应。反应时，在反应温度为 100～1000℃、反应压力为 1MPa～1GPa 的条件下使水溶液中的溶解质溶解或反应产物溶解并且达到过饱和的状态结晶生长得到目标产物。使用共沉淀法合成水滑石，由于各粒子产生的时间有前有后，导致合成的水滑石粒径不均一。而水热合成法可以克服这一个缺点。为了最大限度地使水滑石的生成环境保持一致，将含 M^{2+}、M^{3+} 的混合液和沉淀剂快速混合形成核，通常在一定温度下的反应应在高压反应釜中进行，再经过离心、洗涤（至中性）、干燥得到水滑石。

水热合成法将水滑石成核与结晶的过程分开达到优化水滑石结晶过程的目的，使水滑石可以快速、均匀地形成小颗粒，通过温度和时间的调节，不仅能够控制水滑石晶体的大小和结构，还能大幅度地缩短反应时间。水热合成法同时又具有团聚少、纯度高、结晶好、粒度分布均匀且易于控制粒度等优点。

7.1.3.3　离子交换法

合成特殊水滑石类化合物可以使用离子交换法。由于水滑石具有离子交换的特性，根据这个特点，先合成层间具有阴离子的较小的水滑石前体物，再利用水滑石可离子交换的特点，将待插入阴离子插入水滑石片层中，最终得到所需要的产物。

离子交换法合成的水滑石具有较大的阴离子基团支架，此法可以合成不含碳酸根型的水滑石。不同的层间阴离子具有的交换能力不同，高价阴离子往往比较容易被插入水滑石片层中，低价阴离子则容易被置换出来。其交换能力的大小次序为 $CO_3^{2-} > OH^- > SO_4^{2-} > HPO_4^{2-} > F^- > Cl^- > Br^- > I^-$。为防止空气中的 CO_2 进入层间与阴离子发生减缓反应，离子交换法需在 N_2 的保护下进行。

7.1.3.4　焙烧复原法

水滑石的记忆效应是焙烧复原法的基础。水滑石焙烧后会形成层状的双金属氢氧化物，再将层状双金属氢氧化物置于含有带插入的阴离子的溶液中重建结构，形成新的层状化合物。最后将所得产物进行离心、洗涤、干燥，得到所需要的水滑石材料（Tetsuya 等，1998）。

焙烧复原法具有以下优点：

① 消除了其他无机阴离子的干扰，使所需要的有机阴离子能够顺利插入水滑石层间结构；

② 具有非常好的吸附性能和再生性。

但是焙烧复原法又有缺点，即焙烧态的水滑石容易出现晶相不单一和结晶性不好的现象。

7.1.3.5 即时合成法

即时合成法即指向污废水中投加 Cl^-、Mg^{2+} 等，利用原污水中存在的阴离子和阳离子制造合成水滑石的反应条件，以水滑石的形式将污水中的污染物去除。

采用即时合成法合成水滑石，操作简单，产率高，其省去了水滑石合成时需要离心、洗涤、干燥的复杂过程，降低生产成本。此方法在污水处理的过程中通过合成水滑石产物，在利用合成的水滑石对污水中的污染物进行吸附去除，实现了以废治废，给水滑石的合成及利用提供了一个非常好的思路，具有非常好的应用前景。

7.1.3.6 尿素法

尿素在低温下可与金属离子形成均一的溶液，当溶液的温度升高（约至 90℃）时尿素逐渐分解，而导致溶液的 pH 值逐步、均匀地升高。利用这个特点控制溶液中的 OH^- 和 CO_3^{2-} 的浓度，用以合成结晶性良好的六边形片状形貌的水滑石晶体。

7.1.3.7 溶胶-凝胶法

溶胶-凝胶法是将有机的金属盐和另一种无机的金属盐的水溶液混合，在特定温度条件下实行热处理，通过盐溶液水解及溶胶-凝胶转变过程来合成水滑石。该法一般分为水解、沉淀、洗涤、干燥等过程，先将金属烷氧基化合物在硝酸或盐酸溶液中水解，之后沉淀，通过改变反应参数制备水滑石凝胶。

7.2 TiO₂-LDHs 光催化氧化性能

7.2.1 试剂与仪器

实验所用药品和试剂如表 7-1 所列。

表 7-1　实验药品与试剂

试剂名称	化学式	规格	生产厂家
无水碳酸钠	Na_2CO_3	分析纯	天津市广成化学试剂有限公司
氢氧化钠	$NaOH$	分析纯	天津市广成化学试剂有限公司
硝酸镁	$Mg(NO_3)_2 \cdot 6H_2O$	分析纯	天津市致远化学试剂有限公司
硝酸铝	$Al(NO)_3 \cdot 9H_2O$	分析纯	天津市红岩化学试剂厂
硝酸	HNO_3	分析纯	莱阳市康得化工有限公司
无水乙醇	CH_3CH_2OH	化学纯	天津市富宇精细化工有限公司
钛酸四正丁酯	$C_{16}H_{36}O_4Ti$	分析纯	国药集团化学试剂有限公司
甲基橙	—	分析纯	天津市大茂化学试剂厂

本次实验所用仪器如表 7-2 所列。

表 7-2　实验仪器设备

仪器名称	型号	生产厂家
磁力加热搅拌器	79-1	金坛市杰瑞尔电器有限公司
恒温水浴锅	HH.S	江苏金坛市医疗仪器厂
精密增力电动搅拌器	JJ-1	金坛市江南仪器厂
电热恒温鼓风干燥箱	DL-101	天津市中环实验电炉有限公司
马弗炉	SX_2-25-12	天津市中环实验电炉有限公司
紫外荧光灯	8W	飞利浦
紫外可见分光光度计	752 型	上海光谱仪器有限公司
电子天平	FA2004B(准确度级别 I)	上海精密科学仪器有限公司
X 射线衍射分析仪	D/MAX2500 型	日本理学

7.2.2　TiO_2-LDHs 纳米粉体制备

实验采用低温共饱和沉淀法制备 TiO_2-Mg-Al 水滑石，制备的水滑石按 $n(Mg) : n(Al) = 2 : 1$，$n(OH^-)/[n(Mg^{2+}) + n(Al^{3+})] = 2.2$，$n(CO_3^{2-})/[n(Mg^{2+}) + n(Al^{3+})] = 0.667$ 配置。根据不同比例的需求，分别制备 Al∶Ti（摩尔比）为 1∶1、1∶2、2∶1，纯水滑石样和纯 TiO_2 样品。

Al∶Ti(摩尔比)＝1∶1 的 TiO_2-Mg-Al 水滑石制备步骤如下。

7.2.2.1　TiO$_2$ 溶胶制备

（1）A 溶液

将 4.4mL 钛酸丁酯与 26.4mL 无水乙醇混合，机械搅拌 20min 至溶液澄清待用，操作温度为室温。

（2）B 溶液

制成 1.32mL 三蒸水、17.6mL 无水乙醇和 0.62mL 硝酸的混合溶液。

将 A 溶液缓慢滴加至 B 溶液中，滴加过程中不断搅拌，滴加完毕后继续搅拌 20min 制得 TiO$_2$ 溶胶，放置待用。

7.2.2.2　Mg-Al 水滑石前体物制备

首先，称取硝酸镁 Mg(NO$_3$)$_2$·6H$_2$O 6.4000g 和硝酸铝 Al(NO$_3$)$_3$·9H$_2$O 4.6900g 一起溶于盛有少量蒸馏水的烧杯中。

其次，再称取 NaOH 3.3750g 和无水 Na$_2$CO$_3$ 2.6450g 仪器溶解于有少量蒸馏水的烧杯中。

最后，在 60℃的恒温水浴锅中，将两份溶液以一定的流速同时滴入盛有少量蒸馏水的烧杯中。控制滴加速度维持体系 pH 值在 8～9，反应过程中不断搅拌滴加完成后再继续搅拌 20min。

7.2.2.3　TiO$_2$-Mg-Al 水滑石制备

Mg-Al 水滑石前体搅拌 20min 后，缓慢加入 TiO$_2$ 溶胶，滴加过程中不断搅拌，滴加完成后继续搅拌晶化 12h，再静态晶化 6h。

静态晶化 6h 之后，将所得胶体溶液离心洗涤至溶液为中性，离心后取沉淀物，在 80℃烘箱中干燥，干燥后研磨成粉末状，待用。

7.2.2.4　配制不同铝钛比水滑石

重复 7.2.2.1～7.2.2.3 步骤，分别配制 Al：Ti 为 1：1、1：2、2：1，纯水滑石样品。

各比例试剂添加质量如表 7-3 所列。

7.2.2.5　煅烧

将所得到的 5 个样品置于马弗炉中煅烧。本研究考察的煅烧温度为500℃。将预处理后的干凝胶于马弗炉中煅烧，以 3℃/min 的升温速率升温至 500℃；保持恒温 2h，煅烧完成后自然降温至室温。

表 7-3　制备试剂添加量

Al:Ti	Mg(NO$_3$)$_2$·6H$_2$O/g	Al(NO$_3$)$_3$·9H$_2$O/g	NaOH/g	Na$_2$CO$_3$/g	钛酸丁酯/mL	无水乙醇/mL	三蒸水/mL	硝酸/mL	无水乙醇/mL
1:1	6.40	4.69	3.38	2.64	4.40	26.40	1.32	0.62	17.60
1:2	3.20	2.35	1.65	1.33	4.40	26.40	1.32	0.62	17.60
2:1	12.80	9.38	6.60	5.30	4.40	26.40	1.32	0.62	17.60
水滑石	6.40	4.69	3.38	2.64	—	—	—	—	—
TiO$_2$	—	—	—	—	8.80	52.80	2.64	1.44	35.20

在炉体于室温下自然冷却后，取出样品，先后用陶瓷研钵和玛瑙研钵研磨，得到超细粉体，并避光保存待用。

催化剂样品标记见表 7-4。

表 7-4　催化剂样品标记一览表

比例	1:1	1:2	2:1	水滑石	TiO$_2$
标记	AT11	AT12	AT21	水滑石	TiO$_2$

7.2.3　光催化降解甲基橙实验

实验共分两部分进行：第一部分是测定复合材料最佳铝钛比；第二部分是测定最佳的催化剂添加浓度。实验过程中均使用 8W 紫外灯（主波长 256nm）作为光源，光照实验在自制紫外光反应箱中进行。在规定时间取样后对样品进行离心，然后测定其吸光度值，根据标准曲线可计算其浓度和降解率，并绘制降解曲线。

7.2.3.1　测定最佳铝钛比实验

实验使用 30mg/L 的甲基橙溶液，每次反应液体积为 250mL。催化剂浓度为 1g/L。反应过程中使用磁力搅拌器持续搅拌，保证催化剂在反应过程中处于悬浮状态。取样的时间为 0.5h、1h、1.5h、2h、2.5h、3h、4h、5h。取样后经过离心取上清液测定吸光度值。

7.2.3.2　催化剂最佳添加浓度实验

这一部分实验是优化催化剂最佳添加浓度。实验步骤同 7.2.3.1，测定 4 个催化剂添加浓度，分别为 0.5g/L、1g/L、1.5g/L、2.0g/L。

7.2.3.3 实验步骤

① 配置 30mg/L 的甲基橙溶液，待用。

② 测定 30mg/L 甲基橙溶液吸光度，并记录。

③ 使用量筒量取 250mL 的 30mg/L 甲基橙溶液于干净的烧杯中，再称取 0.25g AT11 样品于反应烧杯中，此时催化剂浓度为 1g/L，在避光条件下磁力搅拌 15min 使催化剂与反应液充分接触。

④ 与反应同步进行的还有空白实验：量取 250mL 甲基橙溶液于干净烧杯中（不添加催化剂，仅进行光照）待用。

⑤ 将以上两个盛好试剂的烧杯放到反应箱中，置于紫外光源下，保持磁力搅拌，打开紫外灯电源，并开始计时。

⑥ 在光照时间为 0.5h、1h、1.5h、2h、2.5h、3h、4h、5h 时分别取样，样品在 3000r/min 下离心 10min，取上清液在波长为 462nm 处测定甲基橙的吸光度；记录吸光度及反应时间，绘制降解曲线。

⑦ 重复上述步骤③～⑥，分别测定 AT12、AT21、水滑石、TiO_2 对甲基橙的降解曲线。

⑧ 经过实验选出效果最好的催化剂，进行催化剂添加量优化实验，催化剂添加量分别为 0.5g/L、1g/L（已完成）、1.5g/L、2.0g/L。考察催化剂的最佳添加量。

7.2.4 表征及实验结果分析

7.2.4.1 XRD 表征结果及分析

各样品粉末 X 射线衍射图谱如图 7-1～图 7-3 所示。

从图 7-1 中可以在相应的位置找到复合材料中对应于水滑石和 TiO_2 的衍射峰。在 2θ 为 40°～45°以及 60°～66°处，X 射线衍射峰的峰宽以及峰高均随着复合材料中水滑石的质量分数的增加而变高、变宽；射线衍射在 2θ 约为 26°处，各复合材料衍射峰的高度随材料中 TiO_2 质量分数的降低而降低。这说明了在复合材料中同时具有镁铝水滑石和 TiO_2 的晶型结构，纳米 TiO_2 成功地负载在水滑石表面上。AT11 衍射线在 X 射线衍射在 2θ 约为 26°、40°～45°和 50°～66°三处形成了较为均匀的衍射峰，进一步说明了 AT11 样的吸附性以及光催化性能的综合效果优于其他样品。

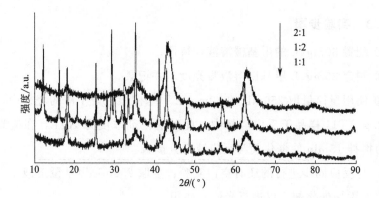

图 7-1　AT11、AT12、AT21 纳米粉体 XRD 图谱

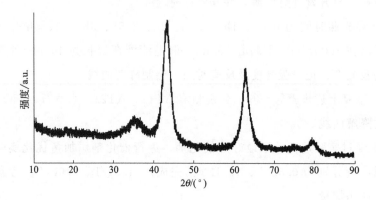

图 7-2　水滑石纳米粉体 XRD 图谱

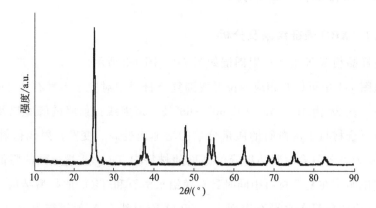

图 7-3　TiO_2 纳米粉体 XRD 图谱

由图 7-2 可以看出，水滑石 X 射线衍射在 2θ 为 $40°\sim45°$ 以及 $60°\sim66°$ 时形成较宽并且比较明显的衍射峰；由图 7-3 可以发现 TiO_2 的 X 射线衍射在 2θ 约为 $26°$ 时形成了一个狭长的衍射峰。

7.2.4.2 复合材料最佳 Al：Ti 比例催化实验

最佳铝钛比复合材料光催化甲基橙降解曲线如图 7-4 所示。甲基橙受光照会产生一定的光解，所有实验数据均已扣除空白。

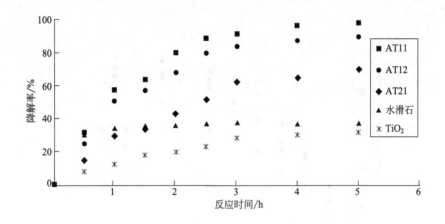

图 7-4 不同铝钛比催化剂对 30mg/L 甲基橙降解曲线

由实验结果可知：在相同的实验条件下，AT11 和 AT12 表现出了良好的光催化降解效果，其中 AT11 对 30mg/L 甲基橙 5h 的降解率能达到 98.1%。从实验结果可知，在反应过程中水滑石的主要作用机理表现为吸附，随着反应时间的增加，吸附量有增加，但增加的趋势在 3h 后基本稳定。纯 TiO_2 在反应中也表现出了一定的光催化降解能力，反应 5h 降解效率仅 31.8%，考虑原因：一是由于甲基橙浓度较大，且选用光源的功率较低，反应过程中透光率较差，对光强有较大影响；二是与复合材料及纯水滑石相比，TiO_2 材料表面的吸附能力较弱，不利于表面光催化反应的进行。因此，水滑石与 TiO_2 的复合材料可以较好地体现吸附与光催化的协同作用，起到提高材料光催化效果的作用。

7.2.4.3 最佳催化剂浓度实验

在催化反应中催化剂的浓度是影响催化剂催化效率的重要因素。在催化反应进行时，催化剂浓度不宜过高也不易过低，催化剂浓度较低时，由于光源激发的光子产量较少，而且又不能完全转化为化学能，导致光子利用不充分从而催化效率降低；催化剂浓度过高，使光子的散射作用增强，使一部分光子散射出反应器，减少总光子射入量，也会降低催化效率（李怀祥等，2009）。因此，选择适合的催化剂浓度是提高催化反应效率的有效途径。

前面已经分析出，AT11 的催化效率要比其他几种催化剂高，并且具有所预期的吸附性以及光催化性能。其催化剂最佳添加浓度实验结果详见图 7-5。

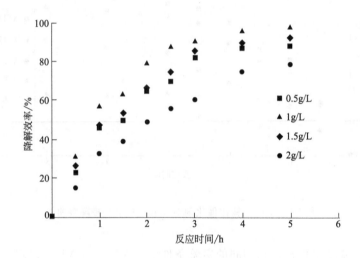

图 7-5　不同浓度的 AT11 对甲基橙溶液（30mg/L）降解曲线

从图 7-5 所示数据结果可知，当分别使用浓度为 0.5g/L、1g/L、1.5g/L、2g/L 的催化剂添加浓度降解 30mg/L 甲基橙时，降解效率最好的催化剂浓度为 1g/L，这与 6.1 部分相关内容的结论是一致的。

7.3　Cu-TiO$_2$-LDHs 光催化氧化性能

7.3.1　试剂与仪器

实验中所用到的主要药品和试剂见表 7-5，使用的主要仪器名称、型号和生产厂家见表 7-6。

表 7-5　实验药品与试剂

试剂名称	化学式	试剂规格	生产厂家
硝酸镁	$Mg(NO_3)_2 \cdot 6H_2O$	分析纯 AR	河北致远化学药品有限责任公司
硝酸铝	$Al(NO_3)_3 \cdot 9H_2O$	分析纯 AR	河北富成化学药品有限责任公司
氢氧化钠	$NaOH$	分析纯 AR	河北富成化学药品有限责任公司
无水碳酸钠	Na_2CO_3	分析纯 AR	河北富成化学药品有限责任公司
钛酸四正丁酯	$C_{16}H_{36}O_4Ti$	化学纯 CP	河北富成化学药品有限责任公司
无水乙醇	CH_3CH_2OH	分析纯 AR	河北一恒化工药剂有限公司
硝酸	HNO_3	分析纯 AR	莱东市精细化工有限责任公司
硝酸铜	$Cu(NO_3)_2 \cdot 3H_2O$	分析纯 AR	河北承德大茂化学试剂生产厂
甲基橙	—	分析纯 AR	天津市大茂化学试剂厂

表 7-6　实验仪器设备

仪器名称	型号	生产厂家
电子天平	FA2004B	江西精细高端实验设备仪器厂
精密恒温水浴锅	HH.S	江西宜昌市医疗设备生产厂
增力电动搅拌器	JJ-1	聊城市皮卡特仪器设备生产厂
电热鼓风干燥箱	DHG-9055A	广州大成实验设备有限责任公司
箱式电阻炉控制箱(马弗炉)	SX-2.5-10	河北维尔特仪器有限责任公司
飞利浦灯管	8W	飞利浦灯具(北京)厂
磁力加热搅拌器	79-1	聊城市皮卡特仪器设备生产厂
紫外可见分光光度计	752 型	山东志荣光谱设备有限责任公司
研钵	100mL	辽宁玛瑙工艺厂
超声波清洗器	KQ-100E	江苏超声仪器设备有限责任公司

7.3.2　Cu-TiO$_2$-LDHs 纳米粉体制备

采用饱和共沉淀法制备 Mg-Al-LDHs，以钛酸丁酯为前体制备 TiO$_2$ 溶胶，再以 Mg-Al-LDHs 和 TiO$_2$ 溶胶为原料制备复合材料 Cu-TiO$_2$-Mg-Al 水滑石（配比 1：1）。

7.3.2.1　Mg-Al-LDHs 前体制备

称取硝酸镁 $Mg(NO_3)_2 \cdot 6H_2O$ 3.20g 和硝酸铝 $Al(NO_3)_3 \cdot 9H_2O$

4.69g，这样 $n(Mg):n(Al)=1:1$，加入适量的蒸馏水溶解于烧杯中。根据 $n(OH^-)/[n(Mg^{2+})+n(Al^{3+})]=2.2$，$n(CO_3^{2-})/[n(Mg^{2+})+n(Al^{3+})]=0.667$，称取 NaOH 3.375g 和 Na_2CO_3 2.645g，溶解于烧杯中，将两份溶液以一定的流速同时滴入盛有蒸馏水的烧杯中，控制滴加速度维持体系 pH 值在 8~9 范围内，反应过程中不断搅拌 20min。在 60℃ 的水浴中采用低饱和共沉淀法制取 Mg-Al 摩尔比为 1:1 的水滑石。

7.3.2.2　TiO_2 溶胶制备

(1) A 溶液

移取 4.4mL 钛酸丁酯，并与 26.4mL 无水乙醇相混合，用玻璃棒搅拌 20min 至溶液澄清待用，操作温度为室温。

(2) B 溶液（Cu 掺杂）

准确称量一定量的硝酸铜，并把它溶解在 1.32mL 三蒸水、17.6mL 无水乙醇和 0.62mL 硝酸的混合溶液中。所选 Cu 元素的添加量（Cu/Ti 元素质量分数）分别为 0.1%、0.6%、2%、7%、10%、20%、30% 和 40%。所制备催化剂分别标记为 0.1Cu-AT11、0.6Cu-AT11、2Cu-AT11、7Cu-AT11、10Cu-AT11、20Cu-AT11、30Cu-AT11、40Cu-AT11。

用一次性塑料滴管移取 A 溶液缓慢滴进 B 溶液中，边滴边晃动，得到 Cu 掺杂的 TiO_2 溶胶。

7.3.2.3　$Cu-TiO_2$-Mg-Al 水滑石制备

Mg-Al 水滑石前体搅拌 20min 后，缓慢加入 TiO_2 溶胶，继续搅拌晶化 12h，静态晶化 6h 后，在 80℃ 烘箱中干燥，若水分含量多则需离心洗涤后烘干，干燥后研磨成粉末状，避光密封保存。

7.3.2.4　煅烧

本研究考察的煅烧温度为 500℃。把制备出的干凝胶放入马弗炉中煅烧，以 3℃/min 的升温速率升温至 500℃；保持恒温 2h，煅烧结束后自然降温至室温。

7.3.2.5　研磨

待炉体降至室温后，取出样品，依次用陶瓷研钵、玛瑙研钵研磨，将获得的粉体避光干燥保存、待用。

7.3.3 光催化降解甲基橙实验

测试装置由紫外灯、磁力搅拌器和催化容器组成。以飞利浦灯具（上海）有限公司生产的 8W 紫外灯为光源，目标降解物采用的是甲基橙。

以 30mg/L 的甲基橙溶液为反应液，反应液体积为 200mL，加入 1g/L 的催化剂（制备的粉体），借助磁力搅拌的作用使催化剂均匀分布在溶液中。反应前，先避光搅拌 15min，使反应达到吸附平衡；在光照时间为 0.5h、1h、1.5h、2h、2.5h、3h、4h、5h、6h、7h、8h 时分别取样，在 665nm 处测定溶液的吸光度。

经过实验选出效果最好的催化剂，进行催化剂添加量优化实验，催化剂添加量分别为 0.5g/L、1g/L、1.5g/L、2.0g/L。考察合成材料作为催化剂的最佳使用量。

绘制甲基橙溶液的标准曲线，即分别配制溶液浓度为 0.5mg/L、1.5mg/L、2.0mg/L、5.0mg/L、7.5mg/L、10mg/L、15mg/L、20mg/L、25mg/L、30mg/L、35mg/L 的甲基橙溶液，在波长为 665nm 处测定其吸光度值，作浓度-吸光度值曲线。

7.3.4 表征及实验结果分析

7.3.4.1 XRD 表征结果及分析

本研究采用德国布鲁克公司 D8 ADVANCE 型 X-射线衍射仪测定所制备的复合材料的晶相组成及晶体结构。检测采用 CuKα 为辐射源，衍射光束利用 Ni 单色器来滤波，其波长为 $\lambda = 0.15418nm$，管压 40kV，管流 200mA，衍射角 2θ 的扫描范围为 $5°\sim90°$。

煅烧温度为 500℃时，各不同比例的 $Cu-TiO_2-Mg-Al$ 水滑石纳米粉体的 XRD 谱图如图 7-6 所示。

由图 7-6 中可以看出，在 2θ 为 43.4°、62.8°处各复合材料均出现了水滑石特征衍射峰，说明不同比例的 Cu 添加均未影响水滑石的生成，可能因为掺杂比例较低，峰强不如 TiO_2，因此特征峰不够明显。

图 7-6 中各复合材料的出峰位置大致相同，并且都是锐钛矿相的特征

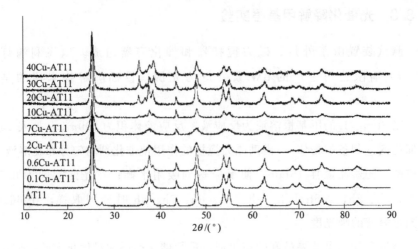

图 7-6 Cu-TiO$_2$-Mg-Al 水滑石纳米粉体 XRD 图谱

峰，说明复合材料以 500℃煅烧之后呈现 TiO$_2$ 锐钛矿相，同时 Cu 的掺杂改性没有导致 TiO$_2$ 由锐钛矿相转变为金红石相。当 Cu 的质量分数掺杂量＜10％时，在 XRD 谱图中出现了 CuO 的特征衍射峰，同时随着 Cu 掺杂量的增多，峰的强度也相应增强。说明当 Cu 的质量分数掺杂量＞10％以后，所合成的材料不仅仅是 TiO$_2$ 一个相，而是变成了 CuO 和 TiO$_2$ 的复合材料。

7.3.4.2 Cu-TiO$_2$-Mg-Al 水滑石光催化降解甲基橙实验

要评价光催化剂在一定时间内的降解能力，需要确定污染物在光催化反应前后的浓度。在稀溶液和单色光的实验条件下，反应遵循朗伯-比尔定律：

$$A = \lg(1/T) = Kbc \tag{7-1}$$

式中 A——吸光度；

  T——透射光强度和入射光强度之比，即透过率；

  c——吸光物质的浓度；

  b——吸收层厚度。

由该定律可知，在一定浓度范围内，目标降解物的浓度与其在特征吸收波长处的吸光度 A 成正比，因此实验中通过溶液吸光度值的变化来定量分析目标降解物的降解率。降解率的求解公式如下：

$$D = (1 - A_t/A_0) \times 100\% = (1 - C_t/C_0) \times 100\% \tag{7-2}$$

式中　A_t，A_0——初始时刻及光照时间 t 时刻溶液的相对吸光度；

$\quad\quad\ C_t$，C_0——初始时刻及光照时间 t 时刻溶液的相对浓度，计算结果

如图 7-7 所示。

由图 7-7 可知，当 Cu/Ti 元素质量分数<7％时，Cu/Ti 元素质量分数为 0.6％的催化效果最好；当 Cu/Ti 质量分数>10％后，降解效果最好的是 40％。

在本次实验中，Cu/Ti 元素质量分数为 0.6％的 Cu-TiO$_2$-Mg-Al 水滑石的光催化氧化活性是最高的，光催化反应 8h 时甲基橙的降解率为 82.7％。当 Cu/Ti 元素质量分数<7％时，由材料的 X 射线衍射图谱（图 7-6）可知，合成的 Cu-TiO$_2$-Mg-Al 水滑石复合材料纳米催化剂主体是 TiO$_2$，Cu 的掺杂对于复合材料而言具有改性的作用。金属离子的掺杂是影响光催化效果的重要因素，存在最佳的掺杂浓度。当掺杂离子浓度低于最佳值时，掺杂离子仅提供一定数目的俘获陷阱，但却无法降低电子-空穴的复合率；反之，当掺杂离子浓度高于最佳值时，由于掺杂离子很有可能变为电子与空穴的复合中心，光生电子与空穴的数目相应变少，光催化剂的活性也会降低。此外，掺杂的金属离子越多，TiO$_2$ 表面的空间电荷层厚度越小。只有 TiO$_2$ 表面的空间电荷层厚度和入射光透入固体的深度大致相同时，吸收光子形成的电子-空穴对才能实现有效分离（谢先法等，2005；高金龙等，2013；张金龙等，2015；陈姗姗等，2009）。

同样由图 7-7 可以看出，Cu/Ti 质量分数比为 40％的 AT11 也具有较高的催化活性，用紫光照射 8h 后甲基橙的降解率为 80.1％。当 Cu/Ti 元素质量分数>10％后，由材料的 X 射线衍射图谱可知，随着 Cu 掺杂量的增加，衍射图谱上出现了 CuO 相，而不仅仅是单一的 TiO$_2$ 相，并且 Cu 的掺杂量越多 CuO 相所占的比例也越高，该结果说明了合成的催化材料是以 TiO$_2$ 相为主体的 CuO 与 TiO$_2$ 的复合材料。就 CuO 和 TiO$_2$ 复合材料而言，鉴于 CuO 拥有比 TiO$_2$ 更正的导带，所以一旦 CuO 受到光照射激发生成电子时会有部分电子转移到 TiO$_2$ 的导带上，而空穴还留在 CuO 的价带上，导致电子与空穴分离，提高了材料的光催化活性。由于 Cu/Ti 质量分数比为 40％时 CuO 相的比例更高，因此在半导体复合材料中表现出了较好的光催

化氧化效率。

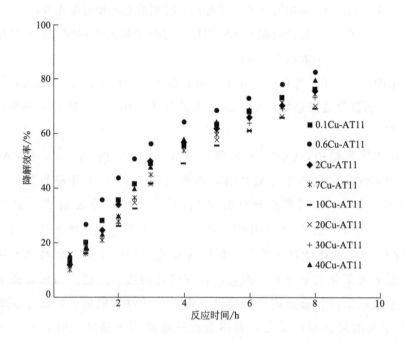

图 7-7　不同铜添加 AT11 降解甲基橙溶液（30mg/L）降解效率

7.3.4.3　催化剂最佳用量优化实验

　　光催化反应的效果受到诸多因素的影响，其中催化剂的浓度是一个重要因素。如果催化剂的浓度太小，受到光源激发的光子数目比较少同时无法全部转化为化学能，导致光子的能量无法得到全部使用。当催化剂浓度不断增大，催化剂表面吸附反应物质的数目相应会增多，这样就会有更多的原料参与反应，生成数量更多的活性物质，而且会增大反应的固-液接触面，以达到提高光催化效率的目标。但是催化剂的添加浓度也不能超过一定数值，过高会致使催化效率降低，这是由于光子的散射作用在加强，一定数量的光子被散射出反应器，致使总光子入射量变少（吴树新等，2005；谢先法等，2005）。另外，当反应器中催化剂的数量过多时，外层催化剂会阻挡光的入射，导致反应器内底层催化剂吸收光子的数量降低，而且过量的催化剂会导致对入射光的屏蔽散射作用，影响整个溶液的透光率，最终降低整个催化反应的效率（陈姗姗等，2009）。所以，选取适宜的催化剂添加量是很有必要的，同时还可以避免催化剂的浪费。

通过不同 Cu/Ti 元素质量分数的 Cu-TiO$_2$-Mg-Al 水滑石对甲基橙的光催化实验结果，可以得知当 Cu/Ti 元素质量分数为 0.6％时，0.6Cu-AT11 的光催化效果最好。因此，以 0.6Cu-AT11 为催化剂进行优化实验，考察催化剂的最佳用量，由图 7-8 的可知，当催化剂用量为 1g/L 时 0.6Cu-AT11 的光催化降解甲基橙（30mg/L）的效果最好，其光催化降解率可达 82.7％。

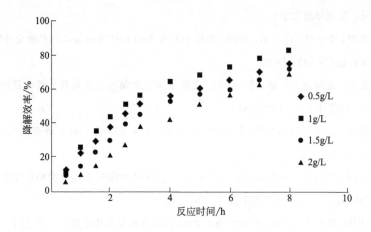

图 7-8　催化剂（0.6Cu-AT11）浓度对光催化降解甲基橙的影响

7.4　结论

TiO$_2$ 负载到镁铝水滑石表面上，形成 TiO$_2$ 基镁铝水滑石，能够兼具水滑石的吸附性能和 TiO$_2$ 的光催化性能。在光催化降解甲基橙的实验中两种性能均得到了体现。

① 不同铝钛比复合材料中，AT11 光催化降解甲基橙（30mg/L）的效果最好，光照（8W 紫外，主波长 256nm）5h 的降解率能达到 98.1％，实验中最佳催化剂添加浓度为 1g/L。

② 采用饱和共沉淀法合成了不同 Cu 掺杂比例的 Cu-TiO$_2$-Mg-Al 水滑石。当 Cu/Ti 元素质量分数＜7％时，合成的 Cu-TiO$_2$-Mg-Al 水滑石复合材料纳米催化剂主体是 TiO$_2$，Cu 的添加主要起到了掺杂改性的作用；当

Cu/Ti 元素质量分数＞10％，随着 Cu 添加量的增加，催化剂出现了 CuO 相，所制备的材料成为以 TiO_2 相为主体的 CuO 和 TiO_2 的复合半导体。所制备的复合材料具有一定的光催化氧化性能，1g/L 的 0.6Cu-AT11 光照（8W 紫外，主波长 256nm）反应 8h 对甲基橙（30mg/L）的降解效率为 82.7％。

参 考 文 献

[1] 毕博, 2012. 新型杂多酸类水滑石插层材料的制备和吸附、光催化性能研究 [D]. 吉林：东北师范大学.

[2] 陈姗姗, 李怀祥, 曲丕丞, 2009. 锆掺杂纳米 ZnO 粉体的制备及其光催化性能 [J]. 纳米科技, 6 (6)：16-20.

[3] 高金龙, 翟朋达, 李博, 等, 2013. 含钛水滑石的制备表征及其光催化活性的验证 [J]. 现代化工, 7 (02)：64-67.

[4] 高艳丽, 2012. 改性水滑石光催化剂的制备、表征及应用 [D]. 齐齐哈尔：齐齐哈尔大学.

[5] 胡仙超, 潘国祥, 陈聪亚, 等, 2014. 肠道靶向药物缓释功能叶酸插层水滑石的制备与结构表征 [J]. 矿物学报, 6 (01)：29-34.

[6] 李怀祥, 曲丕丞, 2009. 锆掺杂纳米 ZnO 粉体的制备及其光催化性能 [J]. 纳米科技, 6 (6)：16-20.

[7] 李蕾, 张春英, 矫庆泽, 等, 2001. $Mg-Al-CO_3$ 与 $Zn-Al-CO_3$ 水滑石热稳定性差异的研究 [J]. 无机化学学报, 17 (01)：113-117.

[8] 李娜, 2012. ZnMgAl 类水滑石及其改性材料的制备和性能研究 [D]. 广州：华南理工大学.

[9] 李泽江, 2008. 阴离子表面活性剂插层 Ti 基水滑石的合成、表征及其对五氯酚吸脱附行为的研究 [D]. 北京：北京化工大学.

[10] 刘儒平, 孔祥贵, 岳钊, 等, 2013. 水滑石纳米材料特性及其在电化学生物传感器方面的应用 [J]. 化工进展, 5 (01)：2661-2667.

[11] 马小利, 郑建华, 2011. 对氨基苯甲酸插层镁铝水滑石的合成、表征及紫外吸收性能 [J]. 复合材料学报, 7 (05)：186-191.

[12] 任志峰, 何静, 张春起, 等, 2002. 焙烧水滑石去除氯离子性能研究 [J]. 精细化工, (06)：339-342.

[13] 任志峰, 2002. 阴离子型层状结构水处理功能材料 [D]. 北京：北京化工大学.

[14] 唐明义，耿奎土，1998. 高分子药物缓释材料［J］. 化工新型材料，26（09）：26-28.

[15] 文杏，2007. 无机、有机阴离子插层 Fe 基水滑石的结构、性能及其对农药吡虫啉吸附性能的研究［D］. 北京：北京化工大学.

[16] 吴树新，尹燕华，何菲，等，2005. 掺铜 TiO_2 光催化剂光催化氧化还原性能的研究［J］. 感光科学与光化学，23（5）：333-339.

[17] 吴晓妮，2010. 水滑石类化合物在催化领域中的应用［J］. 工业催化杂志社，2（08）：87-88.

[18] 谢先法，吴平霄，党志，等，2005. 过渡金属离子掺杂改性 TiO_2 研究进展［J］. 化工进展，24（12）：1358-1362.

[19] 许家友，周细濠，叶常青，等，2013. 聚氯乙烯/插层水滑石的热稳定性和力学性能［J］. 硅酸盐学报，8（04）：516-520.

[20] 燕丰，2008. 水滑石类层状化合物的生产及应用前景［J］. 精细化工原料及中间体，(8)：23-26.

[21] 张国臣，2012. 十二烷基磺酸钠插层有机层状双氢氧化物制备及吸附性能研究［D］. 济南：山东大学.

[22] 张金龙，陈锋，田宝柱，2015. 光催化［M］. 上海：华东理工大学出版社.

[23] 张永，张延武，朱艳青，等，2007. 水滑石类化合物的研究进展［J］. 河南化工，24（12）：9-12.

[24] Bellotto M，Rebours B，Clause O，1996. Hydrotalcite decomposition mechanism：a clue to the structure and reactivity of spinel-like mixed oxides［J］. The Journal of Physical Chemistry，17（10）：8535-8542.

[25] Dimotakis E D，Pinnavaia T J，1990. New route to layered double hydroxides intercalated by organic-anions-precursors to polyoxometalate-pillared derivatives［J］. Inorganic Chemistry，6（09）：2393-2394.

[26] Kanezaki E，1998. Thermal behavior of the hydrotalcite-like layered structure of Mg and Al-layered double hydroxides with interlayer carbonate by means of in situ powder HTXRD and DTA/TG［J］. Solid State Ionics，10（06）：279-284.

[27] Kooli F，Holgado M. J，Rives V，et al，1997. A simple conductivity study of decavanadate intercalation in hydrotalcite［J］. Materials Research Bulletin，3（08）：977-982.

[28] Newman S. P，William J，1998. Synthesis，characterization and application of layered double hydroxides containing organic guests［J］. New Journal of Chemistry，

3 (06): 105-115.

[29] Tetsuya S, Shinsuke Y, Katsuhiko T, 1998. Photopolymerization of 4-vinylbenzo-ate and m- and p-phenylenediacrylates in hydrotalcite interlayers [J]. Supramolec-ular Science, 5 (03): 303-308.

[30] Vicente R, 2002. Characterization of layered double hydroxides and their decompo-sition Products [J]. Materials Chemistry and Physics, 9 (05): 19-25.

第8章

纳米 TiO₂ 的应用

良好的光催化材料应具备以下特点：

① 最佳的能隙，很强的可见光或紫外光吸收能力；

② 在强电解液中具有很好的稳定性；

③ 在半导体和电解液之间有良好的导电性能。

光催化剂大多是宽带隙的 n 型半导体，多为金属氧化物或金属硫化物，如 TiO_2、ZnO_2、$\alpha\text{-}Fe_2O_3$、SnO_2、WO_3、SiO_2、CdS、ZnS、PbS、Cu_2O 等（Fujishima 等，1972；Hoffmann 等，1995；Fox 等，1999；Turchi 等，1990）。很多窄带隙的光催化材料（CdS、CdSe、PbS、MoS_2）的可见光吸收能力强，但易发生化学腐蚀和光化学腐蚀，在水中形成有害离子，故不适合用作纯净水净化的光催化剂；$\alpha\text{-}Fe_2O_3$ 可吸收可见光，激发波长为 563nm，但其光催化活性较低；宽带隙的光催化剂，如 TiO_2、ZnO_2、$Sr\text{-}TiO_2$、ZnS 等，具有良好的光催化性能，但因对可见光的利用率较差而使其应用受到限制。

TiO_2 具有很高的光催化活性，是应用较广泛的光催化剂。TiO_2 化学性质稳定、无毒、无二次污染且具有良好的耐光腐蚀性，同时价带空穴能量较高，可形成具有高活性的强氧化剂·OH，可以有效光降解多数有机污染物。此外，TiO_2 因比表面积大、颗粒小而具有纳米材料的特殊效应，如表面效应、量子尺寸效应和宏观量子隧道效应，实现其优异的光电性能和氧化还原能力。并且其在大多数化学环境中均能表现良好的光催化活性和稳定性，更是价格低廉，无毒性，不会产生二次污染，被誉为 21 世纪最有希望的环境友好型催化材料之一。

近年来，随着纳米科技的发展而兴起的纳米光催化技术的研究和应用领域非常宽，包括材料、能源、环境和生命起源等。以纳米级 TiO_2 为代表的具有光催化功能的光半导体材料，具有常规材料所不具备的优点，如较高的光催化活性、高效的光电转化性能等，在抗菌除雾、空气净化、废水处理、化学合成及燃料敏化太阳能电池等方面显示出广阔的应用前景。

8.1　废水处理中的应用

8.1.1　液相光催化反应机理

近年来污水处理已成为人们关注的重点研究课题之一，已有研究表明，利用光催化氧化技术可将大多数的卤代脂肪烃、卤代芳烃、有机酸类、硝基芳烃、取代苯胺、多环芳烃、杂环化合物、烃类、酚类、染料、表面活性剂、杀虫剂、农药等降解为 CO_2 和 H_2O 等无机小分子物质（刘福生等，2007；Chen 等，2003；Roberta 等，2002；Yoshinaka 等，1998），消除其对环境的污染以及对人体健康的危害。

液相光催化反应的机理研究报道中有空穴氧化机理和自由基氧化机理两种可能的机理。

8.1.1.1　空穴氧化机理

在 2,4-D（2,4-二氯苯氧乙酸）的液相光催化反应过程中（Sun 等，1995），当 pH≈3 时，初始反应阶段主要是空穴直接起氧化作用；当 pH 值低于或高于 3 时，空穴作用由直接氧化机理逐渐被·OH 氧化机理所取代。Mao 等（1991）在研究三氯乙酸和乙二酸的 TiO_2 光催化反应过程中，也观察到有机物在催化剂表面由空穴直接氧化；Mao 等进一步指出，虽然乙二酸分子中不含 C—H 键，但仍能有效地发生光催化降解，这些化合物中没有·OH 氧化所需要的 H，因此，空穴直接氧化就成为唯一的氧化途径。Draper 等（1990）没能发现 2,4,5-三氯苯酚和三蒽烯等化合物在 TiO_2 光催化反应中·OH 的诱导产物。Carraway 等（1994）通过实验证明紧密键合在半导体表面上的电子供体如甲酸盐、乙酸盐和乙醛酸盐可发生空穴直接氧化。以乙醛酸盐的光催化氧化为例，该过程表现为表面键合物之间的直接空穴传递而形成的甲酸盐作为初级中间产物。Grabner 等（1991）采用时间分辨吸收光谱证明苯酚光催化氧化反应中苯自由基和 Cl_2^-· 自由基的生成，并认为 Cl_2^-· 自由基是由 Cl^- 经直接空穴氧化形成的。Rechard 等（1993）认为4-羟基苯乙醇（HBA）在 ZnO 和 TiO_2 表面光催化氧化时，空穴直接氧化和羟基自由基（·OH）氧化同时起作用，只是氧化作用的位置不同面而已，对苯二酚（HB）被认为是空穴氧化的结果，二羟基苯乙醇（DHBA）则是·OH 作用的结果，而 4-羟基苯乙醛（HBZ）则是两种机理共同作用的结果，因为当·OH 猝灭剂异丙醇存在时，DHBA 的生成完全被抑制，而HBZ 的生成只有部分被抑制。

8.1.1.2　自由基氧化机理

在半导体表面上形成电子-空穴（e-h$^+$）对以后，空穴引发的·OH具有高度的化学氧化性，对作用物几乎无选择性。在激光脉冲光解实验的基础上，证实·OH 在 TiO_2 表面上以表面键合的 $[>Ti^{IV}OH·]^+$ 存在，并以此形式氧化有机物。在 TiO_2 光催化降解卤代芳香烃实验中，检测到若干中间产物均为典型的羟代产物，这一结果支持了·OH 是光敏化TiO_2 的主要氧化剂。另外，ESR 也证实了光照 TiO_2 水溶液中存在·OH和 HO_2· 等自由基。Mao 等（1991）发现，氯代乙烷的氧化速率与 C—H键的键能有关，这表明·OH 去氢是氧化过程的速率决定因素；降解速率与有机污染物在表面的吸附的浓度之间有很好的相关性也表明·OH 是界面直接可利用物质（Moser 等，1991；Ohtani 等，1993；Tunesi 等，1991）。

8.1.2　光催化降解废水中有机物种类

8.1.2.1　卤代有机化合物

20 世纪 70 年代以来，光催化降解水中污染物方面在环保领域显示出较为广阔的应用前景。有机氯化物是水中最主要的一类污染物，毒性大，分布广，对有机氯化物的彻底治理是防治水污染领域的重要研究内容。这类物质包括卤代脂肪烃、卤代芳香烃、卤代脂肪酸等。这类物质在各国提出的优先控制的有害物质"黑名单"中占有相当大的比例，因而研究其催化分解条件、机理都有很大的现实意义。这类物质在光催化分解的过程中，一般都先羟基化，再脱卤，逐步降解，直至矿化为 CO_2、H_2O 等简单的无机物。光催化过程在处理有机氯化物方面显示出了较好的应用前景。对于氯仿、四氟化碳、4-氯苯酚、三氯乙烯等物质的光催化降解机理都已有了详细报道。

冷文华等（2000）以紫外灯为光源，以负载在镍网上的 TiO_2 为催化剂，研究了负载 TiO_2 光催化降解水中对氯苯胺（PCA）的光催化降解动力学行为和机理，结果表明，PCA 的降解符合准一级动力学方程。初始 pH 值为 4～11 时对其反应速率影响较小，增大氧气浓度能加快 PCA 的降解和脱氯速率。外加电位能大幅度提高 PCA 的降解速率，通过 GC-MS 技术确定其降解中间产物主要有苯胺、硝基苯、对氯硝基苯、偶氮苯等，它们最终矿化为 NH_4^+、Cl^-、NO_3^- 和 CO_2，光催化能有效地降解 PCA，但其矿化比降解需要更长的时间。PCA 是一种较容易光催化降解的物质，GC-MS 检测到中间产物有偶氮苯，它通过苯胺中性自由基耦合生成，说明有该自由基的存在。1990 年 Turchi 等介绍了 TiO_2 光催化对氯代芳烃、表面活性剂、除草剂与杀虫剂的降解效果，并从污水处理方面对光催化的应用进行了综述。

8.1.2.2 表面活性剂

表面活性剂在工业和生活中的广泛应用，使得水体污染日益严重。它进入水体后能使水产生异味和大量泡沫，同时影响废水的生化处理。表面活性剂进入人体后能刺激体重增加，提高肝脏合成胆固醇的速率。目前，去除水中表面活性剂的方法主要有泡沫分离法、絮凝分离法、吸附法等，但它们对低浓度表面活性剂废水的处理效果均不能令人满意。采用 TiO_2 光催化分解表面活性剂已日益引起人们的关注，并且对一些表面活性剂的降解取得了较好的结果。该光催化氧化技术可能成为一种重要的、简单有效的表面活性剂废水处理技术。表面活性剂分子一般由非极性亲油的碳氢键部分与极性亲水的基团组成，按亲水基类型可分为阴离子型、阳离子型、两性型与非离子型。

光催化降解水中表面活性剂的研究也取得了一定成果。目前广泛使用的合成表面活性剂通常包括不同的碳链结构，随结构的不同，光催化降解性能往往有很大差异。Iliev 等（2005）分别在 TiO_2 悬浊液中和 TiO_2 薄膜电极体系下成功地将不同浓度的十二烷基苯磺酸钠溶液光催化降解为 CO_2、SO_4^{2-}、H_2O 等无机分子。赵进才等（1996）研究了壬基聚氧乙烯苯（NPE-n）分解过程中的中间生成物，并探讨了催化反应机理。Hidaka 等（1997）对表面活性剂的降解做了系统研究，研究结果表明含芳环的表面活性剂比仅含烷基或烷氧基的表面活性剂更易断裂降解实现无机化，直链部分降解速率极慢。对乙氧基烷基苯酚氧化的研究也表明，大部分·OH 进攻芳环，少部分氧化乙氧基，而烷基链的氧化可不考虑。庄晓等（1998）选用非离子表面活性剂脂肪醇聚氧乙烯醚 $[RO(CH_2CH_2O)_nH]$，以 AEO-3、AEO-9、AEO-15 为目标污染物，对影响非均相光催化降解效率的因素进行了研究，并依据到达地面的太阳辐射中紫外部分比例甚低的实际情况，提出了在弱紫外辐照下，使 AEO-9 氧化的最佳条件组合，为利用日光治理表面活性剂污染提供科学依据。

8.1.2.3　染料有机物

随着染料纺织工业的迅速发展，染料的品种和数量日益增加。印染废水已成为水系环境的重点污染源之一。印染废水的水质复杂，其特点为水量大、有机污染物含量高、色度深、碱性和 pH 值变化大、水质变化剧烈；废水中的 pH 值、COD_{Cr}、BOD_5、颜色各不相同，可生化性差；PVA 浆料和新型助剂的使用，使难生化降解的有机物在废水中的含量大大增加。另外，部分染料分子进入水体后会对环境造成严重污染，如含有苯环、氨基、偶氮基等可致癌物质，对生态环境和饮用水造成极大危害。常用的物理化学法主要有吸附法、薄膜法、氧化还原法、絮凝沉降法、电解法和光催化氧化法等。

含氮染料化合物的光催化降解过程，根据其结构氮的降解过程不同而不同（Dalton 等，2002）。非偶氮结构的氮元素会最先生成 NH_3，然后继续氧化生成 NH_4^+。偶氮结构是存在于化合物内的发光基团，易吸收紫外光，在光的激发下，首先产生电子跃迁，生成激发态电子，从而活化分子的局部结构，使与偶氮相连的碳原子变得不稳定，C—N 键首先开裂，进而生成 N_2。

Eftaxias 等（2001）将 TiO_2 粉末分别附着在海砂和玻璃表面，能够显著光解浓度为 10mg/L 的石碳酸，且其反应符合一级动力学反应方程，附着态 TiO_2 重复使用 15 次（每次 8h）后其催化能力降低 17.9%。Satoshi 等

（1999）利用 TiO_2 粉体光催化降解溶液中的纺织染料碱性红 18，处理后的废水基本无色，COD 也大幅度降低。申森等（2007）以紫外灯为光源，研究了 TiO_2 光催化降解罗丹明-6G 的反应，最终光催化降解产物主要是 CO_2、NO_3^- 和 H_2O。罗洁等（2004）在 TiO_2 悬浊液中研究了印染废水（色度为 375 度，pH 值为 5.35，COD_{Cr} 为 895.16mg/L）的光催化氧化过程，研究结果表明，在·OH 及·OOH 进攻有机物后，可将有机物分解为羟基取代物或过氧化物，然后进一步被光催化氧化生成醛后，可被氧化为有机酸，最终以 CO_2 和 H_2O 的形式被释放出来。张霞等（1997）研究了在开放的光催化反应器中，以紫外光为光源，以 TiO_2 为催化剂，以光催化氧化法处理活性染料水溶液。王怡中等（1998）研究了利用中压汞灯作为光源，在 TiO_2 粉末悬浆体系内，甲基橙溶液的光降解脱色速率，探讨了间歇式电光源圆柱形光化学反应器的运行情况及影响因素。程沧沧等（1998）以 500W 直管高压汞灯为光源，并将 TiO_2 固定在模拟工业水处理浅池的水泥质池底表面，研究了以 TiO_2 为催化剂，对有机染料中性黑 BGL 进行光催化降解的可行性。赵玉光等（1998）将生物技术与光催化技术相结合，进行印染废水处理，处理后水质基本达到排放要求。范山湖等（2003）采用酸性溶胶法合成 TiO_2 膨润土纳米复合光催化剂，并研究其光催化降解阳离子偶氮染料 GTL。

8.1.2.4 农药

农药一般为除草剂和杀虫剂，其危害范围很广，在大气、土壤和水体中停留时间较长，且难以分解和去除。因此，废水中农药残留的去除也备受关注。据统计，全世界每年因使用农药而增加了 $(3.0\sim3.5)\times10^8$t 粮食。但农药的大量使用对生态环境产生了很大的破坏，因此控制农药污染、保护生态环境已成为环境保护的一个热点问题。目前有机农药在我国仍占很大比例，蔬菜、水果、粮食等由于农药残留对人类健康产生巨大威胁。在农药降解方面国内外普遍采用生化处理法，但是当废水中存在一些对微生物有毒的物质时则会引起微生物污泥中毒，故在生化处理前，往往还需要用化学法进行预处理或将高浓度废水稀释。其他方法如湿式氧化法比较复杂，而且需要足够的处理规模。化学处理法费用较高，通常用于去除废水中某些特定的污染物，而且处理后的废水还需再进行生物法治理。吸附法如采用活性炭，价格昂贵，再生费用高，且吸附后若不妥善处理会造成二次污染。近几年兴起的农药的光催化降解则是利用光激发催化剂 TiO_2 产生的光生电子、空穴和强氧化性的·OH，将农药氧化降解为 H_2O、CO_2 等无毒物质，没有二次污染。加之 TiO_2 化学性质稳定、难溶无毒、成本低，作为理想的半导体光催化剂在环境治理领域中已显示出广阔的应用前景。

利用光催化去除农药的优点是它不会产生毒性更高的中间产物，这是其他方法所无法相比的，在农药的光催化降解过程中，一般原始物质的去除十分迅速。但并非所有污染物都达到完全矿化，例如 S-三嗪类物质能迅速光解，最终残留量 $<10^{-7}$g/L，但降解的最终产物是毒性很小的氰尿酸，呈稳定的六元环结构，很难无机化。由于氰尿酸毒性很小，能部分矿化也是很有意义的（庄晓等，1998）。国内陈士夫等（2000）对有机磷农药废水光催化降解的研究结果表明，该法能将有机磷完全降解为 PO_4^{3-}，COD 去处率达 $70\%\sim90\%$，并利用太阳光能进行了户外试验。Azenha 等（2003）总结了直接光解法、光催化降解法、光敏化降解法和羟基自由基降解法的反应机理及其在降解氨基甲酸酯、氯酚、有机磷等不同种类农药中的应用。文献中指出光催化法和光敏化法降解效果最好。在农药的光催化降解中，原始物质的去除十分迅速，但并非所有污染物最终都能完全矿化。在光催化剂投加浓度为 5g/L、溶液 pH＝9.0、加入浓度为 8.0mmol/L 的 H_2O_2、光源高度为 20cm 的条件下，浓度为 1.2×10^{-2}mol/L 的农药敌敌畏和对硫磷完全降解所需时间分别为 90min 和 120min，其中对硫磷中的含磷基团可被光催化氧化为 PO_4^{3-}。Hoffmann 等（1995）详尽阐述了半导体光催化在整个环境保护领域的应用情况。Zhu 等（2007）报道了 Cl^-、SO_4^{2-} 和 $H_2PO_4^-/HPO_4^{2-}$ 等无机阴离子有助于在紫外光下光催化去除水中的铵离子。刘福生等（2007）对纳米 TiO_2 受光激发产生·OH 的研究表明，·OH 活性基团上的光子能量相当于有 3600K 高温的热能发生，此温度足以使有机物迅速"燃烧"，使有机物质迅速被氧化而得到降解，并最终氧化分解为 CO_2 和 H_2O 等无机小分子。

8.1.2.5　含油废水

随着石油工业的发展，每年有大量石油流入海洋，对水体及海岸环境造成严重污染。对于这种漂浮于水面上又不溶于水的油类及有机污染物的光催化降解，也成为近年来光催化研究的热点之一。

Berry 等（1992）报道用环氧树脂将 TiO_2 粉末黏附于木屑上，对水面油层进行光催化降解的研究。Teruhisa Ohno 等（1999）用硅偶联剂将纳米

TiO_2 偶联在硅铝空心微球上，制备了漂浮于水面上的 TiO_2 光催化剂，并以辛烷为模型化合物，研究了水面油膜污染物的光催化分解，取得较满意的结果。Heller 等用直径为 $100\mu m$ 的中空玻璃球负载 TiO_2，制成能漂浮于水面上的 TiO_2 光催化剂，用以降解水面石油。

8.1.2.6 其他有机化合物

朱春媚等（1998）分别采用主波长为 253.7nm 的紫外光杀菌灯及主波长为 365nm 的黑光灯作为光源，研究了 TiO_2 膜光催化氧化苯酚水溶液的动力学规律。周祖飞等（1997）为了解 α-萘乙酸（NAA）在环境中滞留、迁移和转化等行为，以低功率紫外灯和荧光灯作为光源，对水溶液中的 NAA 进行光降解。武正簧等（1998）研究了用化学气相沉积法制备的 TiO_2 薄膜在光催化条件下对苯酚溶液的转化。钟志京等（1998）分别以 6W、主波长为 265nm 的低压汞灯和 300W 的高压汞灯为光源，对模拟污水中的萘进行了紫外光直接光解和 TiO_2 催化光解的可行性进行了研究。魏宏斌等（1999）研究了以 TiO_2 膜光催化氧化法处理水中腐殖酸。于永辉等（2004）对二元酸废水进行了光催化氧化处理。但因这类物质结构比较复杂，产物种类多，对其光解机理还不很清楚，有待进一步研究。

此外，随着光催化氧化研究的不断深入，光催化氧化作为一种新型有效的环境洁净技术已广泛应用于汽油添加剂、垃圾场渗滤液、硝酸甘油、酚醛树脂和生活饮用水等废水的光催化降解处理。作为汽油添加剂的甲基叔丁基醚（MTBE）很难生物降解，也难以被活性炭吸附，在很高的气水比下从水中吹脱再焚烧，虽可有效去除 MTBE，但费用较高。而在光照下的 TiO_2 悬浊液中，MTBE 可完全矿化或生成易生物降解的中间产物。这表明光催化氧化技术可作为生物处理的预处理，将难生物降解的物质氧化成易降解物质。各类有机染料随分子结构不同，降解的难易程度不同，在不同的反应速率下经不同的中间产物降解为 CO_2、H_2O 和相应的无机离子。

以上的研究表明，半导体光催化降解技术在污水处理中尚处于开拓阶段，有一些问题尚未解决。例如，废水中大量存在的无机离子易使半导体氧化物中毒，需开发抗中毒能力强的光催化剂并研究再生方法。实际废水中存在多种污染物质，在光催化降解中产生很多的中间产物，其毒性有可能比原始污染物更大，需要对中间产物进行鉴定，并进一步深入研究反应机理。

8.2 气相有机物降解中的应用

随着环境污染日益突出，空气质量问题越来越受到人们的关注。从汽油、建筑材料、家具、香烟、电器等释放到大气的态污染物多达 350 种，其中包含甲醛、氨、二氯（三氯）乙烯、二甲苯、一氧化碳、二氧化氮、二氧化硫等高危险、高毒害气体。这些化学物质会引发人类和动物中枢神经系统、呼吸系统、生殖系统、循环系统和免疫系统的功能异常，出现头痛、咽喉发干和皮炎，损害 DNA，长期吸入甚至可以引起白血病、癌症等难治之症。实际上许多气态污染物如 VOCs（挥发性有机化合物）都可以借助光催化法在气相中直接处理或与液相分离后再进行氧化降解，从而使污染得到治理。

近年来，利用半导体光催化降解空气中有机污染物的多相光催化过程已成为一种理想的环境治理技术。相对于研究众多的液-固相半导体光催化降解有机物的废水处理，气-固相半导体光催化氧化反应具有更突出的特点。

大量研究结果表明，气相光催化反应速率比液相提高几个数量级，尤其在对 VOCs 的去除方面，气相光催化具有以下优点：

① 易回收，可实现连续化处理；

② 在常温常压下进行，直接以大气中的氧气作氧化剂，反应效率高；不受溶剂分子影响，在气相中对基本反应机制的测量较容易；

③ 可使用能量较低的光源，光利用率高，易实现完全氧化；

④ 反应光源属冷光，对环境温度无显著影响；气相中分子的扩散速率高，反应速率快。

尤其是 TiO_2 光催化剂去除 VOCs 具有很大的应用前景。

目前，对于大气及室内污染物的光催化净化主要集中在研制高活性的负载型光催化剂以及对含负载型光催化剂的空气净化装置的设计方面。美国、日本等国家已经有利用光催化技术制备的空气净化设备，用于处理室内、隧道、医院内的有害气体；家用和车用光催化空气净化器有良好的净化空气、杀菌、除尘的效果。

8.2.1 气相光催化反应的机理

8.2.1.1 有水参与的气相光催化反应机理

光催化反应原理是利用光激发半导体催化剂，在催化剂表面上形成光激发电子-空穴对作为还原-氧化体系。水溶液中，溶解氧及 H_2O 与电子及空穴发生作用，最终产生具有高度活性的羟基自由基（·OH）。因此，液相光催化反应中，光致空穴通过捕获 OH^- 产生·OH，·OH 是氧化性极强的物质，对水中污染物几乎无选择性，能将水中的有机物部分或完全氧化。对于三氯乙烯的液相光催化反应，其机理就是·OH 氧化起主要作用的游离基氧化。在有机物的气相光催化降解反应中，当气相反应体系中引入了一定量的水蒸气时，气相光催化降解的机理仍然认为是·OH 氧化起主要作用的游离基氧化机理，以三氯乙烯的气相光催化反应为例，可表示如下（刘守新等，2006）：

$$CCl_2 =\!=CClH + \cdot OH \longrightarrow \cdot CCl_2CHClOH \tag{8-1}$$

$$\cdot CCl_2CHClOH + O_2 \longrightarrow \cdot OOCCl_2CHClOH \tag{8-2}$$

$$2 \cdot OOCCl_2CHClOH \longrightarrow 2 \cdot OCCl_2CHClOH + O_2 \tag{8-3}$$

$$\cdot OCCl_2CHClOH \longrightarrow CHClOHCCl(O) + Cl \tag{8-4}$$

8.2.1.2 无水参与的气相光催化反应机理

从理论上讲，没有水蒸气存在，有机物的气相光催化降解反应同样能够进行。如果吸附在催化剂表面上的物质的氧化电位比半导体微粒的价带更负，则半导体表面上的光致空穴能氧化被吸附的物质。同样，若物质的还原电位比导带值更正，则此物质能被导带上的光致电子所还原。已知 TiO_2 的价带电位值为 2.4V（以饱和甘汞电极为参比电极），大多数有机物如三氯乙烯的氧化电位更负，故吸附在 TiO_2 表面的三氯乙烯被光生空穴氧化在热力学上是允许的。

无水参与条件下光催化反应发生的条件也是具备的。光生空穴 h^+ 的氧化性比·OH 的氧化性强。因此，只要有适当的物质充当电子和空穴的捕获剂，使电子-空穴对的简单复合受到抑制，氧化还原反应仍能发生。在无水参与条件下，光致电子的捕获剂可以是吸附于催化剂表面上的氧，光致空穴的捕获剂可以是有机物本身（液相反应中，主要是自由基·OH 和水分子）。

综上所述，在无水参与条件下，气相光催化反应可认为是空穴直接氧化机理（刘守新等，2006）。当 TiO_2 催化剂表面受到光激发时，其表面产生电子-空穴对，而催化剂表面吸附的氧可以起到电子捕获剂的作用：

$$e^- + O_{2(abs)} \longrightarrow \cdot O_{2(ads)} \tag{8-5}$$

无水参与条件下，光生空穴的捕获剂主要是有机物本身：

$$h^+ + Red \longrightarrow Red^+ \tag{8-6}$$

Kutsuna 提出了含氯有机物在无水参与条件下的气相光催化反应的空穴氧化机理：

$$C_2HCl_3 + h^+ \longrightarrow C_2HCl_{3ads}^+ \tag{8-7}$$

$$C_2HCl_{3ads}^+ + \cdot O_{2(ads)}^- \longrightarrow [HClCCCl_2O_2]_{ads} \tag{8-8}$$

$$[HClCCCl_2O_2]_{ads} \longrightarrow COHCl_{ads} + COCl_{2ads} \tag{8-9}$$

或

$$[HClCCCl_2O_2]_{ads} \longrightarrow [HClCCClO_2]_{ads} + Cl_{ads} \tag{8-10}$$

研究无水条件下气相三氯乙烯的光催化降解时曾提出空穴氧化机理：

$$ClHC=CCl_2 + h^+ \longrightarrow [ClHC\text{-}CCl_2] \longrightarrow$$

$$[HC=CCl_2] \longrightarrow HC\equiv CCl \tag{8-11}$$

$$Cl + Cl \longrightarrow Cl_2 \tag{8-12}$$

8.2.2 气相光催化中水蒸气的作用

在气相光催化反应中，水蒸气的作用值得重视，因为 TiO_2 表面 $\cdot OH$ 在光催化反应过程中起着重要作用，见图 8-1。

水蒸气浓度较低时对反应速率没有影响，随着水蒸气浓度的增加，则水蒸气强烈地抑制反应的进行。如果原料气中没有水蒸气的存在，则随着反应的进行催化剂活性很快下降。由于水蒸气的抑制作用，研究认为是由于水分子与其他反应物及中间产物发生竞争吸附的缘故。丙酮、1-丁醇、甲醛及间二甲苯的光催化氧化结果表明，水蒸气对不同反应物降解速率的影响情况不同是由于水蒸气与反应物之间的竞争吸附。如果反应物在催化剂表面吸附较弱，则水蒸气的浓度增加会使反应物吸附量减少，从而使反应速率下降；如果反应物吸附较强，则水蒸气不会影响其吸附量，从而对反应速率也无影响。

关于 TiO_2 催化剂的活性是否受水蒸气存在的影响目前还存在争议。Dil-

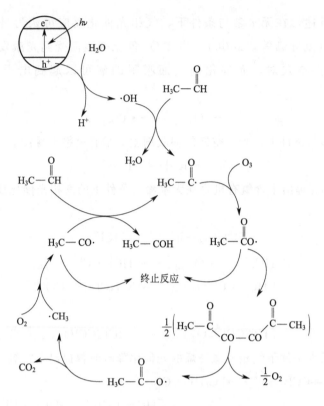

图 8-1　TiO$_2$ 光催化降解甲醛过程示意

lert 等（1996）认为，反应气氛中水蒸气的存在是维持催化剂活性的必要条件，如果原料气中没有水蒸气的存在，随着反应的进行，催化活性会很快下降，原因可能是由于气相中没有水蒸气的存在，会导致催化剂表面氢氧基团逐渐减少，增加了光生电子与空穴的重新复合，从而使催化剂活性下降，这一观点与 Augugliaro 等（1997）对甲苯的气相光催化结果相吻合。但是，Driessen 等（1998）认为影响催化剂活性的主要因素应该是能在催化剂表面上强烈键合的物质如碳酸盐等，如有人在研究甲苯的气相光催化反应过程中，发现中间产物苯甲酸强烈地吸附在 TiO$_2$ 表面上，进而影响了催化剂的活性。其他研究者也发现了苯甲酸这种强烈吸附在催化剂表面上的中间产物抑制催化剂活性的现象。水蒸气还会影响光催化反应中间产物和最终产物的分布。Augugliaro 等发现甲苯的气相光催化反应在有水条件下主要生成中间产物苯甲酸，而在无水条件下则主要生成苯。Huang 等（1997）在专门研究水蒸气在三氯乙烯气相光催化一文中系统比较了中间产物 C$_2$HCl$_3$、CHCl$_3$、CCl$_4$、C$_2$Cl$_4$、C$_2$Cl$_6$ 等在有水和无水条件下，在不同氧气含量时的分布情况，其中

CCl_4、C_2Cl_4、C_2HCl_3、C_2Cl_6 在无水条件下的产生量比在有水条件下要少得多，特别是 C_2Cl_6 在无水条件下的产生量极少。Huang 等报道了在有水和无水条件下三氯乙烯的气相光催化产物的中间产物均为光气和 CO，但在有水条件下，随着水蒸气含量的增加，有机物的降解速率下降，但他们没有提到 TiO_2 光催化剂活性下降的问题。

8.2.3 可气相光催化降解的有机物种类

8.2.3.1 含氯有机物

含氯有机物是 TiO_2 气-固相光催化降解 VOCs 中研究最多的污染物。在含氯有机物气相光催化降解的反应动力学及其影响因素方面，很多学者做了大量研究，其中对三氯乙烯研究最多。普遍认为：紫外光强度较低时光催化反应速率与光强度成正比，光强度较高时速率与光强度的平方根成正比，光强度极高时反应速率与光强度无关；流量较小时三氯乙烯降解率随流量增加而增加，反应受外扩散作用控制，流量大于一定范围时对三氯乙烯降解则无影响；湿度处于一定范围内时三氯乙烯降解率随湿度增加而减小，因为水和三氯乙烯在催化剂表面产生了竞争性吸附；光催化反应可分解为三个步骤，即光子传递、表面作用、扩散作用。反应符合 L-H 动力学方程。李功虎等对 TiO_2 气相光催化氧化降解三氯乙烯的产物分布及失活机理进行研究时发现，水蒸气的存在能显著抑制含氯副产物生成，改变反应产物的分布，且显著提高三氯乙烯的矿化率，认为水蒸气增强了反应底物在催化剂上的吸附，从而有利于清除吸附在催化剂表面的副产物。Avila 等（1998）在 TiO_2 光催化剂上进行了一系列挥发性含氯有机物气相光催化氧化反应，实验发现三氯乙烯和四氯乙烯能得到有效降解，二氯甲苯和二氯苯在紫外光照射的 TiO_2 催化剂上只能得到一定程度降解。关于含氯有机物的气相光催化降解机理存在着不同观点，一般认为三氯乙烯光催化降解是 Cl·引发机理，反应中生成 CO_2、HCl、Cl_2、光气和少量氯仿及乙二酰氯，反应受氯自由基引发的控制。Yamazaki-Nishida 等（2000）设计了一套气相光催化反应器，并采用溶胶-凝胶法制备得到颗粒 TiO_2 催化剂，颗粒直径为 0.3～1.6mm，比表面积为 $160～194cm^2/g$，孔隙率为 50%～60%。实验结果发现，三氯乙烯转化率为 99.3%。Nimlos 等（1992）也对三氯乙烯的气相光催化降解做了详细的研究，通过 MS 和 FTIR 等手段发现降解过程中有较多中间产物（光气、二氯乙酰氯、CO、Cl_2），此外他们还提出了包含氯原子的反应途径，反应产物 Cl_2 就是氯原子结合形成的。Kutsun 等在研究二氯乙烯等含氯有机物的气相光催化反应中也提出了包含氯原子的反应途径。Jose 等（1997）研究了乙醇和乙醛的混合气体在非孔石英玻璃载 TiO_2 和多孔陶瓷载 TiO_2 上的光催化降解，研究结果阐明了降解对象和中间产物的吸附性质同降解动力学之间的关系。此外，Jose 等还研究了三氯乙烯和甲苯混合气体在 TiO_2 光催化降解过程中二者相互影响的情况。结果表明，在甲苯浓度较低的情况下，三氯乙烯的存在对甲苯的降解有促进作用，而在甲苯浓度较高的情况下，甲苯的存在对三氯乙烯的降解有抑制作用，原因是三氯乙烯在反应过程中产生 Cl·，可以激发甲苯进行链反应，从而促进甲苯的降解反应。但大量的甲苯又因消耗大量的 Cl· 而终止三氯乙烯的链反应，因而抑制二氯乙烯的降解反应。

8.2.3.2　芳香族有机物

近年来，有很多研究者对苯、甲苯、二甲苯、乙苯、间二甲苯等芳香族气相有机物的光催化降解反应产物、催化剂失活及反应途径等进行了研究。普遍认为水蒸气在芳香族有机物光催化降解过程中起促进作用，移走水蒸气后催化剂将失活但对于失活原因有不同解释。对甲苯光催化降解过程中 TiO_2 光催化剂失活研究时发现，在失活的光催化剂表面上存在苯甲醛、苯甲酸及微量苯乙醇，其中苯甲醛为部分氧化产物，进一步氧化将生成苯甲酸；苯甲酸被强吸附在催化剂表面上，苯甲酸在催化剂表面上的积累将导致催化剂失活，反应混合物中水蒸气的存在会抑制苯甲酸形成。Rafael 等（1998）则认为在移走水蒸气后，催化剂对甲苯气相光催化降解失活，是因为甲苯部分氧化为苯甲醛的反应几乎完全受到抑制。但 Einaga 等（2002）在对 TiO_2 光催化降解气相苯和甲苯研究时认为，TiO_2 表面炭的沉积导致催化剂失活，在水蒸气存在下失活的 TiO_2 会再生，炭沉积物分解为 CO_2。在芳香族有机物光催化降解机理方面，国内外也做了比较深入的研究。左国巨等认为甲苯光催化降解机理是通过光照活化空气中的 O_2 和 H_2O 分子，进而产生氧化性能更强的活性组分，这些活性组分与有机物反应导致有机物被降解。Kim 等（2002）在研究 TiO_2 光催化降解气相甲苯时，也认为氧在光催化反应中捕获半导体表面光生电子和减少电子-空穴对复合起了很关键的作用。

芳香族气相有机物一般可以达到比较高的光催化降解率。TiO_2 对苯、乙苯、邻二甲苯、间二甲苯、对二甲苯 5 种目标污染物在空气湿度范围内进行光催化氧化，其降解率接近 100%。但实际应用中，由于空速大、接触时间短或有机物浓度大，光催化降解率仍然较低，通过改性光催化剂以提高光催化效率是一条有效的途径。通过对 TiO_2 炭黑改性研究了甲苯的吸附和光催化性能，发现炭黑改性过的 TiO_2 对甲苯吸附性能与普通 TiO_2 相似，但其光催化降解性能却有较大提高。此外，将其他技术引入光催化技术也能使反应得到改善。在 TiO_2 光催化体系中 2h 内甲苯转化率低于 40%，在脉冲电压一定的条件下 O_2 等离子体系中甲苯降解率达 40%。同时，在 TiO_2/O_2 等离子体系统中，转化率显著增加，在相同脉冲电压下 2h 内转化率就达到 70%。由此可见，将低温等离子体引入 TiO_2 体系能够有效提高 VOCs 的降解效率。

8.2.3.3　含氧有机化合物

TiO_2 气相光催化降解 1-丁醇时发现 1-丁醇降解中存在 6 种主要中间产物，包括丁醛、丁酸、1-丙醇、丙醛、乙醇和乙醛；1-丁醇在一定浓度与流量下均能被光催化降解至矿化；水蒸气的存在并没有增加 1-丁醇的光催化降解率；其反应的主要氧化物种为过氧化物阴离子和 TiO_2 催化剂表面上激发形成的空穴。Choi 等（2001）在对 TiO_2 气相丙酮的光催化降解时发现：在常温常压下丙酮光催化降解可获得 80% 的转化率；丙酮转化为 CO_2，无中间产物；丙酮转化率随光照强度增加呈线性增加；水蒸气的存在会降低反应速率，因为水蒸气与丙酮在活性表面存在竞争吸附；O_2 的含量达到 15% 时转化率会显著提高。水蒸气抑制丙酮降解反应，但在甲醇光催化降解中水蒸气含量存在一个最佳值。除此之外，对 TiO_2 光催化降解气相乙醇时发现，TiO_2 光催化特性产生差异的原因在于表面酸度不同，因为在光催化剂表面上存在光催化氧化中间产物碳酸盐，如果催化剂表面酸度太低会增加羧酸盐的稳定性，阻碍光催化反应的顺利进行。

8.2.3.4　链烃化合物

对气相链烃化合物的 TiO_2 光催化降解，在间歇式反应器中对 TiO_2 气相光催化氧化降解庚烷的中间产物、降解率、反应动力学及反应机理等方面进行了研究发现（Jose 等，1997；Einaga 等，2002），反应中存在中间产物丙醛、丁醛、3-庚酮、4-庚酮和 CO，最终产物为 CO_2 和 H_2O，降解率可达 99.7%；并认为 O_2^-、O^-、O、·OH 在降解反应中起了很重要的作用，维持 TiO_2 光催化活性是由于反应中的产物水及时补充了反应中所消耗的羟基自由基，降解速率符合 L-H 动力学方程。Shang 等（2002）对异辛烷气相光催化降解时也发现降解速率符合 L-H 动力学方程，但降解反应中没有副产物，异辛烷的降解率达 98.9%。与之不同的是，Sirisuk 等（1999）在 TiO_2 上对乙烯进行气相光催化降解反应动力学研究时发现，乙烯基本反应动力学可用双参数 Langmuir-Hinshelwood-Hougen-Watson 速率方程表示。Hiroyoshi 等（2001）对 TiO_2-SiO_2 复合氧化物气相光催化降解丙烯机理进行了更深入的研究，认为由 O_2^- 或 O_3^- 形成的 2-丙氧基与丙烯反应生成丙酮，再进一步氧化成 CO_2 和 H_2O。Pichat 等发现在氧气中加入臭氧会明显增加正辛烷的矿化率，认为臭氧能扩展光催化在净化空气领域上的应用。Einaga 等（2002）对 TiO_2 光催化降解气相环己烯的催化剂失活原因及湿度影响等方面做了分析，认为其结果与芳香烃的降解结果一致，环己烯光催化降解率随湿度减小而减小，TiO_2 表面炭的沉积导致催化剂失活，失活的 TiO_2 可在水蒸气存在的条件下进行再生。

8.2.3.5　含硫有机化合物

有关含硫有机化合物的光催化降解研究相对较少，其降解机理也非常复杂。Vorontsov 等（2001）对 TiO_2 气相光催化降解二乙基硫时发现，主要气相产物包括 $(C_2H_2)_2S_2$、CH_3CHO、CH_3CH_2OH、C_2H_4 以及微量产物 CH_3COOH、$C_2H_5S(CO)CH_3$ 和 SO_2 催化剂在反应 $100 \sim 300min$ 后失活，用异丙醇提取催化剂得到的表面产物含有 $(C_2H_2)_2S_2$、$(C_2H_2)_2S_3$、$(C_2H_5)_2SO$、$(C_2H_2)_2SO_2$ 和 $C_2H_5SCH_2CH_2OH$；当光照强度较低时湿度增加引起二乙基硫转化率增加，而光照强度较高时情况相反。$(C_2H_2)_2S$ 转化率与产物分布和 TiO_2 比表面积紧密相关，说明表面反应起了很关键的作用；反应气流中 H_2O_2 的加入会增加二乙基硫的转化率，而且反应产物的分布也随之发生变化，包括产物形成的反应机理，主要路线包括 C—S 键断裂、硫氧化和碳氧化等。

8.2.3.6　含氮有机化合物

对于含氮有机化合物的光催化降解也非常复杂，一般表现为光催化降解效率比较低，催化剂容易失活。Florene 等对 TiO_2 气相光催化降解 1-丁胺的研究认为：

① 1-丁胺被催化剂吸附的能力比 1-丁醇要差，其降解速率也较慢；

② 存在 N-丁基-1-丁胺、N-乙缩醛-1-丁胺和 N-丁基甲酰胺 3 种中间产物；

③ 在一定浓度和流量条件下能完全被光催化降解；

④ 水蒸气的存在并没有增加 1-丁胺的光催化降解率；

⑤ 在光催化降解机理方面，认为过氧化物阴离子和 TiO_2 催化剂表面上激发形成的空穴为主要氧化物种。

Alberici 等（2001）对含氮有机物包括吡啶、丙胺和二乙胺在有氧和无氧存在的条件下，研究了 TiO_2 光催化降解失活的原因，他们认为主要原因在于副产物的生成，如铵和硝酸盐等无机物的产生导致的催化剂失活，而且许多其他的有机副产物也阻碍了光催化反应的顺利进行。

TiO_2 光催化降解有机废气技术是一项具有广泛应用前景的新型技术，能耗低，易操作，是一种安全、清洁的技术。光催化技术可以用于大气环境净化，有很多工程实例。日本一家大型水泥公司和一家建筑公司合作研制出具有空气净化能力的含 TiO_2 光催化剂的水泥，并将其铺设在路面上，以降解汽车尾气中产生的氮氧化物，据东京环境卫生局的测试，铺设 TiO_2 光催化水泥的公路至少可吸收汽车尾气中 1/4 的氮氧化物。美国洛杉矶市在交通繁忙的道路两边，铺设有加入纳米 TiO_2 光催化剂的混凝土地砖以净化氮氧化物，保障人体的健康。日本大阪府也在大医府临海线道路两侧设置了用于净化氮氧化物的光催化净化混凝土墙。日本的长崎市将自清洁建筑涂料涂刷在高速公路两侧的构筑物和建筑物的外墙上，把这些建筑变成净化氮氧化物和其他有害气体的巨大净化场。阪神高速道路集团在阪神高速公路上，用光催化净化涂料涂刷了 $3800m^2$ 的混凝土高栏和吸声隔声墙。北京市也计划在道路隔离等设施上面涂刷光催化净化涂料，以改善空气质量。利用活性炭、多孔陶瓷、金属网等材料作载体，负载 TiO_2 光催化剂，制成空气净化材料，可以作为空气净化器的核心部件，拥有光催化空气净化材料的净化器能够有效处理室内空气中的甲醛、苯等有害污染气体，净化室内空气。现在已有多个国家十几个公司开发出用于空气净化的光催化空气净化器，其中，日本的夏普、大金等知名企业制造的光催化空气净化器在日本市场已经获得广泛认可，韩国三星也在生产、出售光催化空气净化器，美国将光催化空气净化器用于航天飞机，而我国生产的光催化空气净化器也已打入国际市场。此外，由于 TiO_2 光催化剂对紫外线具有完全的吸收性能，可以将其作为紫外线吸收剂添加到高档涂料中，以及用于制备抗紫外线薄膜。

但这项技术还存在几个关键的科学及技术难题，使其工业化应用受到极大限制。其中最突出的问题在于：

① 量子效率低（4%），难以处理量大且浓度高的有机废气；

② 太阳能利用率低，处理速度不快，表现在 TiO_2 半导体的能带结构决定了其只能吸收利用紫外光或太阳光中仅占 5% 左右的紫外光线部分；

③ TiO_2 光催化剂的固载化技术、成膜技术及光催化活性、寿命和稳定性问题；

④ 气-固相光催化氧化机理尚不明确，使得改进和开发新型高效光催化剂的研究工作盲目性较大；

⑤ TiO_2 制备技术成本高、工艺过于复杂以及规模生产困难；

⑥ TiO_2 光催化反应器的设计等问题。

总之，在产业化研究上必须解决以上难题后该技术才能获得大规模应用。

近年来，已有不少学者提出解决以上问题的方案，如针对 TiO_2 进行掺杂、贵金属表面沉积、半导体复合、表面光敏化或超强酸化及微波制备等，以提高 TiO_2 的光催化量子效率或可见光的利用率。采用溶胶-凝胶法（sol-gel）、金属有机化学气相沉积法（MOCVD）、阴极电沉积法等多种方法，并通过改变干燥、焙烧等条件以制备既牢固又具有优良光催化活性的 TiO_2 膜；把微波场、催化、等离子体等技术与光催化耦合，应用于有机污染物的气相光催化降解，以提高光催化过程的效率等，目前这些方面国内外都已取得了一定的效果。

TiO_2 光催化降解有机废气作为近年发展起来的新研究领域，在环境污染治理中有着广阔的应用前景，但现在基本上还停留在实验研究阶段。相信通过对 TiO_2 光催化降解有机废气反应机理及应用技术的不断探索，将会使 TiO_2 光催化降解有毒有害气体成为治理环境污染的一条高效、安全的途径。

8.3 染料敏化太阳能电池中的应用

目前，金属锡化物、金属硫化物、钙钛矿以及钛、锡、锌、钨、锆、锶、铪、铁、铈等的氧化物均可作为染料敏化太阳能电池中光阳极的纳米半导体材料。20 世纪 90 年代，Grätzel 等（1997，1994）、Kay 等（1996）、Mcevoy 等（1994）、Regan 等（1991）提出的染料敏化纳米 TiO_2 纳晶薄膜太阳能电池，以其原料价格低廉和制作简单等特点引起了人们极大的关注；目前，Grätzel 科研团队所报道的光电转换效率已可达到 11.18%。

纳米 TiO_2 纳晶薄膜太阳能电池的研究已经逐渐成为太阳能电池研究领域的热点（Han 等，2009；Lagemat 等，2000；Yu 等，2008；Wang 等，2009；Snaith 等，2007），并发展了包括液态电解质型、固态或半固态电解质型以及使用非玻璃塑料导电基板的可绕型染料敏化纳米 TiO_2 纳晶薄膜太阳能电池。染料敏化纳米 TiO_2 纳晶薄膜太阳能电池目前亟待解决的问题是，光电转化效率因制备方法或制备工艺的差异而明显不同。上述缺点严重地制约了染料敏化纳米 TiO_2 纳晶薄膜太阳能电池的工业化生产与大规模应用，造成这一问题的根本原因在于不同条件下制备的 TiO_2 纳晶、不同方法成膜的电极、不同结构的电极薄膜对光的吸收和存在的电子传输与电荷复合明显不同。通过改进 TiO_2 纳晶的制备方法，优化 TiO_2 纳晶的结构、组成、粒径、形貌，改进电极成膜的方法，修饰电极薄膜的表面结构能明显增强光的吸收，降低电荷复合，加快电子的传输。

8.3.1　晶型和粒径的影响

TiO_2 晶体的晶型有三种，即锐钛矿型、金红石型和板钛矿型。大量文献研究表明，锐钛矿型 TiO_2 较金红石型 TiO_2 有较好的光电转换效率，这是由于电子在锐钛矿型 TiO_2 较在金红石型 TiO_2 的传输速率快。采用金红石型 TiO_2，或不纯的锐钛型 TiO_2 时，往往难以获得较高的光电转换效率。另外，纳晶 TiO_2 的粒径、形貌也直接影响着电池的光电转换效率。粒径太小，光的透过率降低而影响光的吸收；粒径太大，虽然提高了光的透过率但却降低了光的有效吸收。同时粒径的大小还影响着电解质的传输。TiO_2 晶型完整与否影响着电子-空穴对复合中心的多少。另外，晶体不完整、晶粒较小、晶体存在缺陷等，都有可能形成较多的电荷复合中心。因此在 TiO_2 纳晶的制备过程中，需要控制反应条件得到一定粒径和晶型、晶体完整的纳米 TiO_2。目前制备纳米 TiO_2 的方法较多，有溶胶-凝胶法、$TiCl_4$ 水解法、电化学方法、模板组装技术等，但容易实现对 TiO_2 晶型和粒径有效控制的制备方法主要是溶胶-凝胶法。

8.3.2 纳米 TiO_2 膜的制备

目前，纳米 TiO_2 纳晶薄膜的制备方法包括浸渍法、旋转法、丝网印刷法、溅射法、高温溶胶喷射沉积等多种技术，其中应用最多的是丝网印刷法，同时高温溶胶喷射沉积法因工艺简单而备受关注。在染料敏化太阳能电池中的半导体 TiO_2 纳晶薄膜电极，是由纳米尺寸的 TiO_2 超微粒子相互连结而形成的三维网络多孔结构，作为一种新型纳米结构半导体电极材料，是当前光电化学领域中光电转换研究的前沿和重要基础。其独特性质如下所述。

① 呈现单个半导体纳米颗粒的能级量子化和量子尺寸效应，能隙比体材料电极大，光谱和光电流谱蓝移。

② 颗粒尺寸小，不足以形成空间电荷层，颗粒内电势降很小，基本上可以忽略。

③ 其中空间电荷的分离不依赖于空间电荷层，而是依赖于光照条件下产生的电子空穴向电解液中传递速度的不同，电极内电荷的输运是扩散机制而不是电场作用下的迁移机制。

④ 具有较大的比表面，可吸附较多的染料分子，其所具有的多孔性也说明其渗透性能较好。薄膜内部晶粒间可多次反射，使对太阳光的吸收加强，因此既可以保证高的光电转化量子效率，又可保证高的光捕获效率（Lethy 等，2008）。

影响纳米 TiO_2 纳晶薄膜性质的主要因素如下。

① 表面粗糙度：半导体吸附多层染料时，内层染料对外层染料的电子传输起到阻碍的作用，所以增加表面粗糙度可以吸附更多的单层染料分子，太阳光可以在粗糙表面多次反射，提高入射光的吸收率。

② 比表面积：对于单层染料分子，吸收的入射光很少，所以为了吸附更多的单层染料必须制备出高比表面积的纳米多孔 TiO_2 纳晶薄膜。

③ 薄膜厚度：与太阳能电池中所用的敏化染料及电解质有关，对于特定的体系，应通过实验确定最佳厚度，增大膜厚可以提高光的吸收率，但是深层的染料分子没有光照不会产生电子，其也导致薄膜易脱落。因此，光阳极的薄膜厚度存在一个最佳值。

④ 纳米颗粒尺寸：它对表面粗糙度和薄膜电极的光散射性能都有一定的影响，颗粒较大时，光散射能力增强，染料分子吸收光的概率增大，因而注入 TiO_2 导带的电子增加，但是粒径太大时比表面积降低，染料的吸附量也低，不利于光电转换；粒径太小，界面太多，晶界势垒阻碍载流子传输，载流子迁移率低，同样不利于光电转换。因此，纳米颗粒的粒径也应存在一个最佳值，使之有较大的表面粗糙度和较强的光散射性能。

⑤ 微孔孔径的大小：它对电解液的渗透和扩散有一定的影响，孔径太小会阻碍和减慢电解液中氧化和还原离子的扩散速度，从而严重影响薄膜电极的光电性能。

因此电极的微结构参数的优化是决定半导体纳晶多孔薄膜电极光电性能的关键因素。

8.3.3 半导体多孔薄膜电极微结构的控制和优化

8.3.3.1 TiO_2 纳晶薄膜厚度对电池性能的影响

纳晶薄膜的厚度不但影响着染料的吸附量，而且也影响着电子在膜内的传输。膜厚增加，染料的吸附量增加，对光的吸收增加，能使电子产生量增加，但由于膜厚增加，电子传输阻力增大，电子在薄膜内的复合概率增加；膜的厚度减少，染料的吸附量减少，对光的吸收量减少，电子的产生量也减少，输出电流也将减小。因此，膜的厚度有一最佳值。Grätzel 研究表明，纳米多孔纳晶薄膜的厚度在 $10\sim20nm$ 最佳。

8.3.3.2 TiO_2 粒径对电池性能的影响

TiO_2 纳米晶的粒径和表面积不同，将导致制备的薄膜表面积不同，因而染料的吸附量就不同。同时粒径的大小还将影响电解质传输。Lagemat 等（2000）通过对 14nm、19nm 和 32nm 三种不同粒径 TiO_2 制备的 TiO_2 纳晶薄膜的研究发现电子的扩散系数随着粒径的增大而上升，电子复合的时间也随着粒径的增大而缩短。

同时粒径的不同也会影响光在膜上的折射、透射、反射三种不同的物质对光的作用方式：

① 被染料分子直接吸收；

② 在纳晶薄膜内通过多次反射后被染料分子直接吸收；

③ 在纳晶薄膜内通过多次反射后未被染料分子吸收，透过薄膜。

通过设计采用两种或几种不同粒径混合后经过丝网印刷制得的 TiO_2 纳晶薄膜能有效地提高光电转换效率。林原等的研究结果显示平均粒径分别为 12nm 和 100nm 的 TiO_2 粒子混合的纳晶多孔膜具有较大的比表面和光散射性能，不仅能有效地增强光能的吸收，而且也能降低电子运输的复合损失。

8.3.4 电极的修饰

8.3.4.1 TiO_2 纳晶掺杂

Ko 等（2005）发现 TiO_2 纳晶掺杂 Al 和 W 对光电性质有明显的影响。掺杂 Al 的 TiO_2 可以增强开路电压，然而会适当降低短路电流，掺杂 W 则相反，Al 和 W 的掺杂不仅能够改变 TiO_2 颗粒的团聚状态和染料的结合程度，而且能够改善电子的传输动力。杨华等也发现在 TiO_2 中掺杂金属离子，不仅影响电子-空穴的复合，还能使 TiO_2 的吸收波长范围扩大到可见光区域，增加对太阳能的转换和利用。Kim 等（2008）发现用 Cr 对 TiO_2 进行掺杂，随 Cr 含量的增加 TiO_2 颗粒的介电常数和电导率均有所提高，材料的电流变性能也发生了很大的变化，远优于同条件下纯 TiO_2，温度效应明显优化，在 $10\sim100℃$ 均有较强的电流变活性，使用温度范围比纯 TiO_2 电流变活性大幅度加宽，80℃左右剪切应力达到最大。

8.3.4.2 纳晶薄膜的表面修饰

染料存在于纳晶薄膜电极表面，且染料分子直接与多孔膜电极表面接触，因而电子传输情况十分复杂。其中多孔膜表面最大的电荷复合来自 TiO_2 表面电子与电解质 I^- 的复合。为抑制这一过程，常采用的两种方法如下。

① 通过水解低浓度的 $TiCl_4$ 在制备好的 TiO_2 纳晶薄膜表面修饰一层细小的 TiO_2。细小的 TiO_2 既可以增加薄膜中大粒径、孔径的连接，增加电子的传输，也可以对薄膜 TiO_2 表面态进行修饰，降低电荷复合。近期的研究也表明，多孔膜表面经 $TiCl_4$ 处理前后不仅开路电压可增大 25％以上，而且短路光电流也可提高 30％以上。

② 在 TiO_2 纳晶薄膜表面修饰一层氧化物薄膜，起到表面阻隔作用。即在未被染料附着的 TiO_2 纳晶薄膜电极表面覆盖上适合的阻碍物质，通过在

电极表面形成一个势垒而降低电荷复合概率。如杨术明、黄春辉等发现对 TiO_2 纳米薄膜表面进行稀土离子和 Sr^{2-} 修饰，能有效地抑制电极表面的电荷复合，其中采用 Yb^{3+} 修饰 TiO_2 电极效果最好。

制备复合半导体多孔薄膜电极也是研究的重点内容，常用的半导体化合物有 CdS、ZnO、PbS 等。利用半导体化合物提高太阳能电池的光电转化效率也是今后研究的一个重要方向。研究进展表明，半导体纳晶薄膜电极可在一定程度上提高太阳能光电转换。在 $73.1 \mathrm{mW/cm^2}$ 白光照射下的光电转化效率比普通的 TiO_2 电极增大了 15％，在 TiO_2 纳米粒子表面包覆一层 ZnO 后，较未被包覆的 TiO_2 电极所获得的短路光电流提高了 17％，开路电压提高了 7.4％，光电转化效率提高了 27.3％。在纳米 TiO_2 膜的表面沉积一层超细的 MgO 层也可以显著提高染料敏化电池的光电转换效率，不过 MgO 的厚度及 MgO 的覆盖度对光电转换效率有明显影响，涂层过厚或涂层不足都会降低电子的入射率。

在电解质中加入一定电荷复合抑制剂也可提高电池的性能，如吸附了染料的 TiO_2 电极在 4-叔丁基吡啶中浸泡后，4-叔丁基吡啶通过吡啶氮与 TiO_2 表面剩余氧空位配位结合，可阻止 TiO_2 表面光生电子与 I^- 的复合。经 4-叔丁基吡啶处理，电池的开路光电压和填充因子可分别提高 74％和 31％，总光电转化效率也为未经处理的电极的 2 倍。

与光催化降解领域的研究相比，目前对 TiO_2 进行掺杂以及对于 TiO_2 纳米晶薄膜表面修饰用于染料敏化太阳能的研究则要少得多，特别是有关工作没有结合近来在 TiO_2 纳晶研究中的晶型、粒径可控以及纳晶薄膜结构设计的有关研究成果。

8.4　光催化还原 CO_2 中的应用

8.4.1　CO_2 的理化性质

CO_2 俗称碳酸气，常温常压下为无色而略带刺鼻气味和微酸味的气体，微溶于水，典型的直线型三原子分子，结构式为 O $=$ C $=$ O，性质十分稳定，必须经过活化才能参与反应。CO_2 分子具有 16 电子结构体系，电子云多集中于两端的 O 原子上，故分子中的 C 原子具有较强的亲电性，易于接受电子。因此 CO_2 是一种弱的电子供体，强的电子受体（电子亲和能达 3.8eV）（尚久方等，1991）。

表 8-1 列出了 CO_2 的主要物理参数和性质。

表 8-1 CO_2 的主要物理参数和性质

（尚久方等，1991；Lagowski 等，1973）

分子量	44.010
溶解度	3.85g(0℃),0.97g(40℃)
离解常数	$3.5×10^{-7}$(18℃),$4.4×10^{-11}$(25℃)
键长	11.6nm
键能	531.4kJ/mol
电离能	13.79～19.38eV
电子亲和能	3.6～3.8eV
ΔH_f^o	393.1365kJ/mol
ΔG_f^o	394.0060kJ/mol
S^o	4.434kJ/(mol·K)
密度	1.977g/dm³（气体,0℃,1atm）
	1.101g/cm³（液态,−37℃）
	1.560g/cm³（固态,−79℃）

注：1atm＝$1.013×10^5$Pa，下同。

8.4.2 CO_2 的资源化利用

自工业革命以来，人类向大气中排放的 CO_2 等吸热性强的温室气体逐年增加，大气的温室效应也随之增强，已引起全球气候变暖等一系列严重问题，引起了全世界各国的关注。

CO_2 作为碳及含碳化合物的最终氧化物，是自然界最丰富的碳源。在现代工业迅速发展的今天，人类向大气中排放的 CO_2 正以每年 4％的速度递增，这会给人类的生产、生活造成严重的影响。关于其潜在的威胁已成为公众舆论的焦点和研究的热门课题。目前许多国家已采取了相应限制 CO_2 排放的措施，但限制 CO_2 排放在很大程度上影响现代工业和世界经济的发展。因此采用一些更积极的做法将其转变成能源或其他工业可用物质正引起世界的关注，有效地利用 CO_2 既可以减轻环境压力又能满足部分生产生活的需要。

8.4.2.1 食品加工业

CO_2 在食品加工业的应用，主要包括食品的保鲜、冷冻、冷藏、灭菌、防霉等，占国内市场应用量的 15％左右（施骏业等，2005）。CO_2 是现代应用越来越广泛的保鲜方法，采用液体 CO_2、干冰速冻及 CO_2 气调法储存食品，可不添加任何防腐剂，并使食品获得良好的储存效果。CO_2 可抑制果蔬的呼吸作用、水分蒸发、酶的活性和有害菌的繁殖生存，从而减少果蔬腐烂，保持果蔬的新鲜度，延长其储藏期和货架期。对于肉类、家禽、海味和特殊食品来说，经 CO_2 冷冻后会变得易加工，不仅可以抑制细菌生长，解冻时还可以保持其外观、质地、味道及营养价值不变。对于谷物来说，经 CO_2 处理后 99％的米虫可被杀死，储存期可达 3 年之久，而且味道也不会改变。此外，CO_2 的超临界流体可从海产品切片后的边角料中提取调味香精，还可以从植物中提取天然色素和香料，剔除咖啡豆中的咖啡因成分等。

CO_2 可用作汽水、啤酒等碳酸饮料的添加剂，赋予饮料特殊风味，提高保存性能。饮料行业是国内 CO_2 的主要应用市场。每吨碳酸饮料要添加 1.5％~2％的 CO_2，全国碳酸饮料行业 CO_2 的消费量约为 $12×10^4 t/a$。在发达国家 CO_2 在饮料、啤酒产业的应用量接近 20％，美国每年用于碳酸饮料的 CO_2 的人均消费量高达 $147kg/a$，而我国目前人均消费量不到 $5kg/a$，低于全球人均的 $21.3kg/a$ 的消费量（Song 等，2006）。但随着国民生活水平的提高，碳酸饮料行业对 CO_2 的消费量也会相应提高；此外国外饮料企业集团的引进及国内饮料企业的迅速发展，也会极大地促进 CO_2 的消费量的上升。

8.4.2.2 石油开采

液态 CO_2 易溶解于地下油层，将高压 CO_2 注入油田与油、水混合后，石油的黏度、密度和压缩性都将得到改善，有助于石油采收率的提高，特别是针对一次采油及二次采油后的衰老油井，通过压入 CO_2 可实现对残留在井下石油的第三次开采（周家贤等，2004）。在地层内，CO_2 溶于水后可增加水的黏度，提高其运移性能；而 CO_2 溶于油，则可降低其黏度使原油体积膨胀，从而降低油水界面张力，有利于增加采油速度、提高洗油效率和收集残余油量。实践证明利用该方法一般可使最终原油采收率提高 10％~15％（何艳青等，2008）。CO_2 在美国油井、气井操作的应用比例为 11.0％（江怀友等，2007），我国在胜利、大庆、克拉玛依等油田也进行过相关的研究工作，并积累了大量资料和实践经验。中原、吉林、辽河等油田，根据不同的地质和原油品种等特点注入高压 CO_2，成功实现了改善开发效果和提高最终采收率的目的，获得了比较明显的经济效益。

8.4.2.3 化工合成

随着社会的进步和科学技术的不断发展，人们已成功地开发出了大量利用 CO_2 生产的化工合成产品（Omae 等，2006），并广泛应用于化工、冶金、建材、轻工、电子机械和医药等行业。

以 CO_2 为原料生产的无机化工产品多数为碳酸盐和碳酸氢盐，如锂、钠、钾、钙、镁、锶、钡、氨的碳酸盐和钾、钠、氨的碳酸氢盐等，也有少数其他化工产品如轻质氧化镁、硼砂、白炭黑等。这些传统产品生产工艺成熟，方法简便。近年国内一些科研单位及生产企业以 CO_2 为新的碳源，直接以 CO_2 为原料成功合成了甲醇、乙醇、乙烯、二甲醚、碳酸二甲酯、苯乙烯、双氰胺、碳酸丙烯酯、甲酸等（Centi 等，2009）。此外，在以 CO_2 为羧化剂合成水杨酸、对羟基苯甲酸、2,4-二羟基苯甲酸等方面也取得了一定的进展。Lou 等（2003）在低温、高压条件下以 CO_2 为碳源，成功合成出直径为 $250\mu m$ 的大尺寸金刚石，该成果是人工合成金刚石领域的重大突破，目前已申请国际专利。葛庆杰等（1997）在温度 240℃、压力 2.0MPa、空速 1500/h 的反应条件下，对 Cu-Zn-ZrO_2/HZSM-5 催化剂进行了性能评价，结果表明其对 CO_2 的转化率达到 35%，对二甲醚的选择性达到 60%。Jun 等（1998）制备出的 Cu-ZnO-Al_2O_3-Cr_2O_3＋ZSM-5（80）催化剂也表现出较高的催化活性和良好的稳定性。

将 CO_2 转化为可用作替代燃料的液态烃及汽油具有重要的现实意义。有研究表明 CO_2 与 CH_4 在适当的催化剂作用下可制得 C_4H_{10}，而 CO_2 与 H_2 通过催化转化可得到汽油。日本京都大学成功开发了以 CO_2 合成汽油的工艺，CO_2 转变为汽油的单程收率为 26%，制取 1L 汽油的费用约合 100 日元。美国燃料资源开发公司建成了一套合成燃料装置，利用甲烷和 CO_2 制取清洁柴油、石脑油和石蜡等。日本研发了以天然气和 CO_2 为原料通过两步法合成烃的新工艺，反应的单程收率为 80%，合成的烃类经过简单分离就能得到汽油、柴油、煤油等产品。近年来我国也开展了相关研究工作，并取得了一定的成果。

8.4.2.4　冶金焊接

在冶金工业中，CO_2 在炼钢时可代替氩气用于转炉炼钢吹炼气，大幅度降低了炼钢成本；在生产不锈钢时，CO_2 能部分替代较为昂贵的氢气，用于氢氧脱碳工程；在平炉工艺中，CO_2 可用作综合氧化剂和冷却剂。

早在 20 世纪 50 年代，日本等国最先采用 CO_2 作为保护气进行电弧焊接，现已发展成为一种重要的焊接工艺。我国从 1964 年开始推广 CO_2 气体保护电弧焊接工艺，在金属结构物、集装箱、汽车、船舶的焊接中都有较普遍的应用，目前全国已有 10000 台以上的 CO_2 保护焊机。CO_2 气体保护焊接具有焊接无气孔、无裂纹、可变形小、油锈敏感性低、抗裂性和致密性好等优点，是一种高效率、高质量、低污染、低成本、省时省力的焊接方法。与手工电弧相比，CO_2 气体保护焊接的功效可提高 2～5 倍，半自动化的功效可提高 1～2 倍，能耗可下降 50% （Jun 等，1998）。目前 CO_2 气体保护焊接工艺的应用在发达国家能占到 67%，全球平均水平为 23%，我国仅为 5%。但随着国际知名的 CO_2 保护焊机厂商在我国投资建厂，CO_2 供气站等配套设施的不断完善，CO_2 气体保护焊在我国必将得到越来越多的应用。

8.4.2.5　医疗卫生

CO_2 稳定的化学性质和相对清洁的性能符合医用的要求。利用 CO_2 制造的水杨酸和阿司匹林，酯类试剂和消毒剂等药品具有广泛的用途，以 CO_2 为底气的杀菌气用于医疗器械、物品的消毒杀菌，可彻底杀灭细菌、病毒、虫卵、芽孢等。另外，人体的血液和细胞内都存在 CO_2，CO_2 气体可为人造器官移植手术提供最贴近人体的生理气氛，与氧气或空气混合可作为呼吸兴奋剂促进深呼吸，还可用于 CO_2 激光喉内显微镜手术、CO_2 气腹腹腔镜手术等（廖维荣等，2010）。

8.4.2.6　环境保护

印染、造纸、金属加工、炼油和乙烯等工业生产过程中均会产生碱性废水，利用 CO_2 溶于水呈弱酸性的特点调节废水的 pH 值，可达到替代硫酸处理碱性污染的目的，同时可降低处理成本。CO_2 不仅可以中和含碱污水，还可作为水处理的离子交换再生剂和含氰废水的解毒剂，均获得良好效果。值得一提的是，超临界流体 CO_2 以其特殊的物理化学性能，在环境分析和监测领域发挥了越来越重要的作用（茅培森等，2006）。超临界流体 CO_2 的密度和溶解能力均接近液体，其扩散系数接近气体，表面张力几乎为零，渗透力极强。以超临界流体 CO_2 作为流动相，可以对水、大气和土壤中的污染物（包括各种有机物和痕量重金属离子），河流海洋中的沉积物进行直接分析，样品不再需要进行步骤烦琐的预处理，既节省了分析时间又避免因样品预处理而引起的误差。随着对 CO_2 进一步的研究，其在环境控制及治理方面将发挥越来越重要的作用。

8.4.2.7 其他应用

CO_2 还可以作为烟丝膨化剂来加以利用。CO_2 和氟里昂都是常用的烟丝膨化剂，而后者因对大气臭氧层会造成破坏而被禁用。食品级 CO_2 可用于香烟丝的膨化处理，能使每箱香烟节约烟丝 $2.5\sim3.0kg$，并可提高烟丝质量，这为 CO_2 的应用开辟了新的领域（杨圣儒等，2005）。从环保的角度考虑，CO_2 取代氟里昂作为烟丝膨化剂将是大势所趋。因此 CO_2 在烟草市场的推广应用具有广阔前景。

CO_2 是植物光合作用的主要原料，空气中 CO_2 的浓度通常为 0.03%，这远远不能满足植物光合作用的需要，在光照充足的晴天，低浓度的 CO_2 常常成为光合作用的限制因素。有研究表明，塑料棚内用管道释放 CO_2，使空气中 CO_2 的浓度达到 $1\%\sim5\%$，$6\sim38d$ 可提高蔬菜产量 $2\sim5$ 倍，成熟时间也明显提前（中国石油化工科技信息指南，2005）。在春、秋、冬三季以 $0.1\%\sim0.15\%$ 的浓度每天施用 $0.5\sim3h$ CO_2 气肥，草莓的果实成熟快，产量高，且果大色鲜。由于用作肥料的 CO_2 纯度要求不高，投资小，因此合成氨厂回收利用 CO_2 并作为肥料供应，可创造出极好的经济效益和社会效益（任秋君等，1998）。

CO_2 由于性质稳定，易于得到，且廉价安全和对人物无毒害等特点而广泛应用于各种压力容器，在经过加压处理以后可获得性质稳定的高压状态。与空气接触后瞬间压出或喷射高速流体的特点，则被广泛应用于各类压出剂和喷射剂，以及碳酸饮料及啤酒行业。

CO_2 可用作原子能反应堆的冷却剂、食品的冷却冷冻，也可应用于低温粉碎（如废轮胎经液态 CO_2 处理后易粉碎，以回收橡胶）、冷配合、金属冷处理、管道冷却技术、低温手术、干冰人工降雨等。

对于 CO_2 来说，从物理角度的利用，虽然增加了它的使用价值，但是对于 CO_2 减排的意义不大。从生物和化学角度对其利用才能真正减少 CO_2

的排放，实现更大的环保价值。从生物角度来看，光合作用是最高效的利用方法，保护森林和农田是我们的首要任务，植树造林是必要手段。另外，学者们利用甲烷氧化细菌还原 CO_2 合成甲醇等低碳烃类也获得了阶段性进展。从化学的角度，CO_2 的催化作用是目前研究的热点，包括加氢催化和光催化技术，这些技术都广泛用于 CO_2 合成有机物中，但各有利弊。加氢催化反应虽然目前已有工业应用，但其通常需要高温或高压反应条件，工艺较复杂，成本较高。光催化反应较温和，可在常温常压下进行，但催化效率的提高和催化机理有待进一步的探讨。

8.4.3 光催化还原 CO_2 研究进展

CO_2 作为碳的最终氧化产物，具有高度稳定性和惰性，难以活化。CO_2 具有 16 电子结构，最容易的分子过程为 CO_2 分解为 CO 和 O 或畸变为键长不等的结构，当添加 1 个或 2 个电子成为 17 个或 18 个价电子体系，则电子必须添加在 $2\pi_a$ 轨道上，这使 $(2\pi_a^*) \rightarrow (2\sigma_g^*)$ 激发态易于混合，有利于分子弯曲（Peyermhoff 等，1967）。CO_2 分子具有较低能量 $2\pi_a$ 轨道和较高的电子亲和能，由于电子云都集中于两边的氧原子上，CO_2 中 C 原子展示了较强的亲电性，易于接受电子，在反应过程中可以作氧化剂加以利用。其分子结构决定了它是强电子受体。由此可见，采用适当的方式输入电子可使吸附后的 CO_2 具有一定的活化态。

自 1979 年 Inoue 等首次报道了利用 TiO_2、$SrTiO_3$、SiC 等在水溶液中进行 CO_2 光催化还原反应后，近 40 多年来，众多研究者通过光催化法研究了 CO_2 的光化学还原（Nguyen 等，2008；Zhang 等，2007；Khedr 等，2008；Tseng 等，2004；Yu 等，2008）。CO_2 的光催化还原法是利用光照使催化剂形成自由基或激发出电子与 CO_2 进行反应从而生成有机物。

对于催化剂的形态来说，也有研究者采用非固态催化剂来进行光催化还原 CO_2 反应。Yanagida 等（2007）利用吩嗪加上 Co-cyclam 络合物作为光诱发剂，成功地将 CO_2 光催化还原为甲酸盐。Hori 等（1999）在 365nm 光源照射下，利用 $\{Re(bpy)(CO)_3[P(OEt)_3]\}^+$ 和 $\{Re(bpy)(CO)_3(pph)_3\}^+$ 作为光催化剂，将 CO_2 还原成 CO，两种催化剂的光量子效应分别为 0.23 和 0.05。

对于固态催化剂来说，Liu 等（2009）利用水热法方法制备了 $BiVO_4$，

并在水溶液中对 CO_2 进行了光催化反应，发现其还原产物主要为乙醇，并且催化活性与晶体结构密切相关，单斜晶型的 $BiVO_4$ 的催化活性高于四方晶型的活性。Dzhabiev 等（1997）研究了 SiC/ZnO 半导体材料作催化剂，在水溶液中对 CO_2 的还原反应，并获得了较高的效率。Kanemoto 等（1992）采用过量 Zn^{2+} 修饰 ZnS 或过量 Cd^{2+} 修饰 CdS，使这些催化剂的表面产生硫空位，过量的阳离子引入后改变了催化剂的表面结构，当吸附的 CO_2 与阳离子发生相互作用时，CO_2 上的 O 原子容易进入 S 空位，从而促使 CO_2 光催化还原为 CO，提高了反应效率。

在对光催化剂的研究中，人们发现许多光催化剂存在光蚀现象，尤其是窄禁带的半导体光蚀现象更为严重，光照循环利用次数少，使其应用受到了一定程度的限制。TiO_2 作为典型的过渡金属氧化物，具有耐光蚀性能好、化学稳定性高和催化活性强等优异的物理化学性能，因此目前人们对还原 CO_2 的光催化剂的研究主要集中于 TiO_2 以及改性 TiO_2 材料上。

8.4.3.1　TiO_2 纳米材料

大量研究结果表明高度分散的纳米 TiO_2 可作为还原 CO_2 的光催化剂。自然界中的 TiO_2 有三种结晶形态，分别为金红石型、锐钛矿型及板钛矿型，不同的晶型其光催化还原 CO_2 的效率和产物也不尽相同。

Anpo 等（1992）经研究发现锐钛矿型 TiO_2 的光催化活性最好，分析其原因是在锐钛矿型 TiO_2 晶体中，99% 的 TiO_2 颗粒粒径均 $<1\mu m$，比表面积比较大且分散均匀，对光的吸收效果好，光量子率高，因此表现出最高的光催化效率。此外，不同的晶型也会造成反应产物的不同。Yamashita 等（1994）研究发现以金红石单晶作为光催化剂，以 CO_2 和 H_2O 为原料在不同晶面上光催化还原反应得到的结果是不同的：TiO_2 晶体的 100 面比 110 面具有更高的光催化活性，TiO_2 晶体的 110 面的还原产物只有甲醇，而 TiO_2 晶体的 100 面的还原产物中不仅有甲醇还有甲烷，并且甲醇的生成量是 110 面的 4 倍，而甲烷的生成量也相对比较高。研究者分析认为晶面的几何结构不同会导致其 Ti/O 原子比不同，引起反应物分子与晶体表面的接触情况的差异，最终造成两种单晶表面催化性能的显著不同。Kaneco 等（1997）利用 TiO_2 粉体作催化剂，H_2O 为还原剂，900W 的氙灯为光源进行光催化还原 CO_2 的研究，结果表明气相中没有检测出产物，液相中有产物甲酸生成，同时研究者给出了甲酸的生成路径，吸附在催化剂表面的

CO_2 分子会和移动到表面的光生电子结合形成 $\cdot CO_2^-$，$\cdot CO_2^-$ 再经过质子化反应得氢，最后生成甲酸。

8.4.3.2 贵金属沉积

通过贵金属沉积的方法对 TiO_2 进行改性是提高 TiO_2 材料光催化性能的一种常见方法。在 TiO_2 半导体上负载微量的贵金属，由于金属的费米能级比 TiO_2 的费米能级低，受光激发生成的电子向金属扩散，并在其上富集，结果是光生空穴和电子分别定域在 TiO_2 和贵金属上，发生了分离，这样就抑制了电子和空穴的复合。然后在各自不同的位置上，光生空穴和电子发生氧化还原反应，从而提高了 TiO_2 的光催化活性（Zhang 等，2009）。此外，金属的种类及其修饰量会对光催化效率有明显影响，催化反应产物也会因此不同，并存在一定的选择性。

Choi 等（1994）以 Rh/TiO_2 为催化剂，在 H_2 氛围下进行光催化还原 CO_2 的反应，结果表明 Rh 以氧化态存在时反应产物主要为 CO，而当表面 Rh 被完全还原为金属态时则产物中不仅有 CO，还出现了甲烷。Tanaka 等（1984）用 X 射线光电子能谱和俄歇电子能谱检测发现，在 Pt 负载的 TiO_2 表面 CO_2 会被解离为 CO。Ishitani 等（1993）对多种贵金属沉积 TiO_2 光催化还原 CO_2 的反应研究结果表明：TiO_2 表面修饰 Pt 和 Pd 后的还原产物主要是 CH_4；而用金属 Ru、Rh、Au 等修饰后，得到的主要还原产物为乙酸。徐用军等（1998）利用 RuO_2/TiO_2、$Pd/RuO_2/TiO_2$ 等为催化剂进行光催化还原 CO_2 反应，结果表明 TiO_2 表面修饰 Ru 或 Pd 后，光催化还原 CO_2 的效率明显提高，且与其表面负载的 Ru^{4+} 或 Pd^0 含量有一定的相关性，当 Ru^{4+} 或 Pd^0 的含量越高，催化效果越好。Zhang 等（2009）在紫外光照的条件下，以水蒸气为还原剂，考察了不同纳米结构的 Pt 改性 TiO_2 材料光催化还原 CO_2 的性能，研究结果表明 Pt 的掺杂改性能够极大地提高还原产物甲烷的生成量。从材料的结构形式来看，纳米管结构的 Pt/TiO_2 较 Pt/TiO_2 纳米粉体表现出更高的活性。Guptaa 等（1992）研究了 Ru/RuO_x 修饰的 TiO_2 纳米粒子对 CO_2 和 H_2 的气相还原反应，结果表明，Ru/RuO_x 修饰的 TiO_2 对 CO_2 进行光催化还原时的主要产物是甲烷，其产率为 $116\mu L/(h \cdot 100g)$。Kohno 等（1999）研究发现通过 Rh 对 TiO_2 的修饰，CO_2 的光催化还原产物由单一的 CO 变为了 CO 和 CH_4 的混合物，同时在 Rh/TiO_2 体系中 Rh 作为金属的活泼性大大降低了；随着 Rh 添加量的增加，产物中 CH_4 所占的比例也呈上升趋势。

除以上报道以外，一些研究者认为在光催化还原 CO_2 和 H_2O 的过程中光解水反应副产物 H_2 会影响目的反应的进行，因此从抑制析氢的角度考虑，负载金属还可用作吸氢物质，使反应向更有利于还原反应的方向进行。

8.4.3.3 过渡金属离子改性 TiO_2

过渡金属改性是提高 TiO_2 光催化效率的一种有效方法。在光催化体系中通常起到以下两种作用：

① 作为共生离子对表面吸附起作用，影响光催化剂光生电子和空穴的行为或均相溶剂的反应，从而对光催化反应的动力学过程产生影响；

② 作为杂质离子掺杂到半导体材料中，形成杂质中心，实现对光催化反应的影响。

Choi 等（1994）以氯仿的氧化和四氯化碳的还原为目标反应，对 21 种过渡金属离子掺杂改性 TiO_2 的光催化效果进行研究后，发现掺杂量为 $0.1\%\sim0.5\%$ 时，V^{4+}、Fe^{3+}、Mo^{5+}、Re^{5+} 和 Os^{3+} 的掺杂能大幅提高 TiO_2 的光催化效率，其中 Fe^{3+} 的掺杂最有利于光催化反应效果的提高。而像 Co^{3+} 和 Al^{3+} 这种具有闭壳层电子构型的金属，掺杂后则会导致 TiO_2 光催化活性的降低。同时，掺杂 Fe^{3+}、V^{4+} 和 Mn^{3+} 的 TiO_2 还可以使催化材料的吸收带红移。Paola 等（2002）以光催化降解甲酸、乙酸、苯甲酸和 4-硝基苯酚为目标反应，考察 Co、Cr、Cu、Fe、Mo、V、W 掺杂改性对 TiO_2 光催化活性的影响，结果发现 Co/TiO_2 对甲酸的降解效率较高；W/TiO_2 对苯甲酸的降解能力最强；对乙酸来说，未掺杂的纯 TiO_2 的降解效果最好。笔者认为不同的掺杂离子以及不同的反应体系，甚至相同的离子在不同的条件下对 TiO_2 光催化活性的影响都是不同的。

对于光催化 CO_2 的固体催化剂来说，从早期的氢化反应开始，Cu 基催化剂一直被认为对还原 CO_2 具有高选择性，并有大量实验证明 Cu 改性 TiO_2 光催化剂可明显提高光催化还原 CO_2 的效果。Tseng 等（2002）进行了 CO_2 和 H_2O 的液相光催化反应，对溶胶-凝胶法制备的 Cu/TiO_2 催化剂进行一系列的研究，结果表明 2.0%（质量分数）Cu/TiO_2 的光催化效率最高，254nm 紫外光照 6h 甲醇生成量达 $118\mu mol/g$。Cu 掺杂后，TiO_2 和 Cu 晶簇两者之间发生了电荷的再分配，由于费米能级的持平效应，电子由半导体向 Cu 晶簇富集，形成肖特基势垒，Cu 作为电子陷阱抑制了电子和空穴的复合，增强了电子和光生空穴的分离效应，从而大大提高了光催化反应的效率。Nguyen 等（2008）分别以 UVA 和 UVC 两种波段的光为光源，Cu-Fe/TiO$_2$ 和 Cu/TiO$_2$ 为催化剂，考察 CO$_2$ 和水蒸气在气相反应中 CO$_2$ 还原产物的生成。结果表明 Cu 的掺杂更有利于甲烷产生，而 Fe 的掺杂则对乙烯的生成有一定的指向性。Adachi 等（1994）通过 TiO$_2$ 进行 Cu 改性，在氙灯照射下得到的总的烃类化合物产量为 1.7μL/（h·g），还原产物包括甲烷、乙烷和乙烯的混合物。

8.4.3.4　稀土元素改性 TiO$_2$

稀土（RE）元素具有特殊的 4f 电子跃迁特性，能形成多电子组态，且能级丰富，对 TiO$_2$ 改性后有利于提高催化材料的光催化活性。RE 元素离子的半径一般都大于 Ti^{4+}，当 RE 离子或其氧化态或还原态进入 TiO$_2$ 晶格时会造成 TiO$_2$ 晶格膨胀，产生较大的晶格畸变和应变能。为了补偿这种晶格应力，TiO$_2$ 晶格中表层的氧原子容易脱离晶格，形成的氧空位或晶格缺陷，一方面可以成为捕获电子和光生空穴的浅势阱；另一方面还能起到抑制 TiO$_2$ 晶型转变的作用，有助于晶粒的细化。

李翠霞等（2009）采用溶胶-凝胶法制备 La、Eu 和 Ce 分别掺杂改性的 TiO$_2$ 光催化材料，以甲基橙为模型污染物来测试其光催化活性。结果表明，RE 掺杂可显著提高 TiO$_2$ 的光催化活性，其中 1.0%（质量分数）Eu/TiO$_2$ 反应 1.5h 时，对浓度为 20mg/L 的甲基橙的光降解率可达 91.05%。Xu 等（2002）通过溶胶-凝胶法制备了 La、Ce、Er、Pr、Gd、Nd 和 Sm 分别掺杂改性的 TiO$_2$ 光催化材料，以降解亚硝酸盐为目标测试其光催化活性，结果表明 RE 元素的掺杂能有效提高 TiO$_2$ 的光催化活性，更有利于反应物种的表面吸附，同时还会使催化材料的光吸收波长红移。岳林海等（2000）考察了 La^{3+}、Y^{3+}、Nd^{3+}、Ce^{4+}、Tb^{3+} 和 Eu^{3+} 等 RE 离子改性的 TiO$_2$ 材料降解 X-3B 活性艳红的光催化活性，结果表明 RE 离子的掺杂分为单一价态和可变价态两种：一种是单一价态或以 +3 价为主的 RE 掺杂离子如 Gd^{3+}、La^{3+}、Y^{3+} 等，通过扩散进入晶格来取代 Ti^{4+} 并产生氧空位，进而形成浅势捕获阱来影响 TiO$_2$ 悬浮体系的光催化活性；另一种是可变价态的 RE 掺杂离子如 Ce^{4+} 和 Tb^{3+} 等，这类 RE 离子容易在 TiO$_2$ 晶格表面发生氧化还原反应，然后通过扩散产生氧空位或晶格间隙，从而影响其光催化活性。RE 离子不仅本身的能级丰富，基态和激发态的能量较接近，可以吸收部分可见光，而且掺杂到 TiO_2 中后可形成新的表面能级，有利于提高对光的吸收利用率。梁金生等（2002）利用扫描隧道显微镜/扫描隧道谱（STM/STS）技术研究了 Ce 改性 TiO_2 纳米粉体材料的表面电子结构，发现用浸渍法制得的 Ce/TiO_2 材料在 $-0.8eV$ 及 $+0.5eV$ 的表面禁带附近形成了新的表面能级。形成的新能级不仅有利于提高 TiO_2 的光催化活性，还实现了 Ce/TiO_2 材料对部分可见光的吸收。

8.4.3.5　TiO_2 与其他半导体复合

半导体复合也可以被看成是一种颗粒修饰方式，两种颗粒通过简单的组合、掺杂、多层结构或异相组合等方式进行复合，形成特殊的微观结构，而且其物理化学性质和光学性能也都会发生很大的变化。半导体复合时还需考虑不同半导体的禁带宽度、价带和导带的能级位置以及晶型的匹配等因素，只有两种半导体相互协同配合才能使所组成的复合体系与单一颗粒相比，具有更高的电荷分离效果和更宽的光谱响应范围，使复合体系光催化活性得到优化和提高。

对于 TiO_2 来说，由于其禁带宽度较宽（锐钛矿为 3.2eV，金红石为 3.0eV），因此常采用硒化物、硫化物、氧化物等禁带宽度较窄的半导体进行修饰，如 $CdSe/TiO_2$、CdS/TiO_2、SnO_2/TiO_2、ZnO/TiO_2、Fe_2O_3/TiO_2、WO_3/TiO_2 等。曾波等（2008）以 CdS/TiO_2 为研究对象发现在＞387nm 波长的光照射下，光子能量虽然不足以激发复合光导体中的 TiO_2，但却可以通过激发 CdS 而发生电子跃迁。光激发产生的电子可以跃迁到 TiO_2 的导带上，空穴则留在 CdS 的价带，从而通过两种半导体的复合实现了光生电子和空穴的有效分离。刘亚琴等（2006）采用水热法合成了 SiO_2/TiO_2 复合光催化剂，在悬浮体系中进行光催化还原 CO_2 制甲醇的反应。研究结果表明，复合的 SiO_2 与 TiO_2 之间形成了 Si—O—Ti 键，与 TiO_2 之间形成了较强的相互协调作用。同时 SiO_2 的复合抑制了 TiO_2 晶粒的生长，增大了其比表面积，提高了体系的光催化活性。另外，随着含硅量的增加，复合光催化体系的吸收范围红移，起到了扩展光响应范围的作用。Wu 等（2009）利用 $Cu-Fe/TiO_2-SiO_2$ 体系在太阳光下进行 CO_2 的光催化还原反应，甲烷的产率可达 $0.279\mu mol/(g \cdot h)$。以上研究表明半导体复合较其他改性方法在改变颗粒大小，调节半导体的能隙和光响应范围方面有明显的优势；通过对颗粒的表面改性，可增加其光稳定性；改变带边型的光吸收形式，更有利于有效采集太阳光。

8.4.3.6 TiO₂ 表面光敏化

选用酞菁、劳氏紫、玫瑰红、曙红等能够吸收可见光的活性化合物作为敏化剂，使其通过物理吸附或化学吸附于带隙较宽的 TiO₂ 半导体表面，与其形成复合物，实现对 TiO₂ 表面的光敏化。在可见光下这些染料分子通常具有较大的激发因子，当吸附态染料分子吸收光子被激发后，只要其激发态电势比半导体电势更负，就可能将激发后产生的电子注入半导体的导带，使原本不能在可见光条件下进行的反应得以发生。因此，表面光敏化剂从一定程度上扩大了半导体的光激发波长范围，提高了可见光利用效率，增强了光催化反应效果。

金属酞菁类染料是近年来的研究热点之一，它是一种有机大环配合物，含有 16 个 π 电子。独特的电子结构使其具有良好的光、热、化学稳定性和催化性能，特别对可见光利用率高，是提高 TiO₂ 光电转化量子产率的有机敏化剂之一。谢明明等（2007）、赵志换等（2005）采取不同的制备方法用钴酞菁对 TiO₂ 进行表面修饰，获得的 CoPc/TiO₂ 复合光催化剂具有较高的 CO₂ 光催化还原能力，并使 TiO₂ 光吸收区域由紫外光区拓宽至了可见光区。因为 CoPc 的基态氧化还原电位较低，在可见光照射下会产生电子-空穴对，光生电子可流入 TiO₂ 导带，使得吸附在表面的 CO₂ 被还原，并且还原产物产量较高。但是敏化剂在水溶液中易与催化剂的表面脱离，与反应物间可能存在吸附竞争，并且自身也可能发生光降解，这些都成为制约光敏剂应用的因素，同样也是研究人员努力解决的问题。

8.4.3.7 TiO₂ 表面酸化

催化剂的表面酸化是提高光催化效率的一条新途径，表面酸化的催化剂具有光催化氧化活性高、深度氧化能力强、活性稳定等优异性能，一方面可以明显改善催化剂的表面结构；另一方面使催化剂具有可逆的吸附水的性能，增强了催化剂表面酸性、增大了表面 O_2 吸附量，进而促进了光生电子和空穴的分离及界面电荷的转移，提高了电子-空穴对的寿命。

Kozlov 等（2000）研究发现乙醇在 TiO₂ 上气相光催化的降解率随催化剂酸化程度的增加而增加。Yu 等（2002）在 TiO₂ 上进行气相光催化降解丙酮的研究发现经 H_2SO_4 酸化处理后的中孔 TiO₂ 膜和普通 TiO₂ 膜的光催化活性都得到了显著的增强。Muggh 等（2001）比较了 SO_4^{2-} /

TiO_2 和 Degussa 公司的 P25 对庚烷、乙醇、乙醛、甲苯的气相光催化降解活性，结果发现 SO_4^{2-}/TiO_2 较 P25 表现出了更好的有机物吸附效果，因此也就具有更好的光催化活性。付贤智等（1999）在对 CH_3Br、C_6H_6 以及 C_2H_4 等有机物的气相光催化降解的研究中发现 SO_4^{2-}/TiO_2 比 TiO_2 呈现出了更好的光催化活性，TiO_2 的超强酸化能有效地抑制晶相转变、粒度增加和比表面积的下降。罗卓卿等（2007）将改良式溶胶-凝胶法制备的酸性触媒 TiO_2/SO_4^{2-} 涂布于不锈钢网上，并利用自行设计的批次式光催化反应器，在三组近紫外灯管（波长为 365nm，光强度为 2.0mW/cm^2）照射下，进行 CO_2 光催化还原反应操作参数（还原剂种类、CO_2 初始浓度和反应温度）的影响研究。结果显示，使用氢气为还原剂可获得最高的光催化还原速率，光催化还原反应的主要气态产物为 CO 和甲烷，其次为微量的乙烯与乙烷。同时，光催化还原速率亦随着 CO_2 初始浓度及反应温度的提高而增加。FT-IR 光谱分析发现，TiO_2/SO_4^{2-} 光催化剂表面有甲酸、甲醇、碳酸盐、甲酸盐及甲酸甲酯等产物存在。

8.4.4　光催化还原 CO_2 研究存在的主要问题与发展趋势

随着纳米材料制备技术和光催化还原技术的不断发展，国内外有越来越多的研究学者关注以 TiO_2 为基体的光催化还原 CO_2 方面的研究，现已有大量文献报道，有的甚至已申请专利。但该方向尚处于基础研究阶段，目前存在的主要问题及今后的研究重点主要有以下几个方面。

(1) 选择吸附性差

由于 CO_2 本身的化学性质稳定，较难参与反应。通过光催化材料改性和反应条件优化来提高材料对 CO_2 的预吸附并使其活化，从而使反应进行的更顺利，提高光催化的还原效率是今后研究的一个侧重方向。

(2) 量子效率偏低

现在研究各种改性方法的目的都是希望能增加光生电子和空穴的生成并减少它们的复合。寻找简单有效的改性途径来提高 TiO_2 光催化的光电转化量子效率，并使产生的电子迁移到表面用于 CO_2 光催化还原，仍是研究人员关注的重点。

(3) 光谱响应范围窄

纯 TiO_2 体系只能在紫外光短波辐射下才能受激发，而紫外光仅占全部太阳光的 $3\%\sim4\%$，而且不可能全部被 TiO_2 吸收，可用于光催化反应的也就只有 30%。因此扩展光催化材料光吸收波长的范围，并提高其对可见光的响应能力，才能使 TiO_2 光催化还原 CO_2 技术向实际应用的方向迈进。

人们的最终目标是将 CO_2 光催化转化为低碳燃料或合成一些有机化工产品，这对减缓温室效应和解决能源危机都有着重要意义。我们选用不同元素单掺和共掺方法对 TiO_2 材料进行改性研究，不仅对探索新的改性途径和研究改性机制具有重要的理论意义，同时对高效光催化剂的开发也具有重大的现实意义。

8.5 纳米 TiO_2 在其他领域中的应用

8.5.1 抗菌功能

TiO_2 光催化反应的抗菌效果具有其他抗菌剂所没有的特征，这也是其带来抗菌效果的反应特征。利用光催化反应的抗菌效果不是单纯的细菌细胞失去增殖性能的抑菌效果，而是能起到分解细胞的杀菌效果（桥本和仁等，2007）。

TiO_2 的强氧化能力能够破坏细胞的细胞膜使细胞质流失导致细菌死亡（Tanizaki 等，2007；Zhu 等，2006；Obuchi 等，1999；Sauer 等，1994；Ao 等，2003）。凝固病毒的蛋白质，抑制病毒的活性，并且捕捉、杀除空气中的细菌，其能力高达 99.96%；可杀除大肠杆菌、绿脓菌、金黄色葡萄球菌等，可将其用于医院手术台和墙壁、浴缸瓷砖及卫生间等地方；可分解空气中的过敏原、减少过敏性疾病及气喘，亦可分解细菌，改善脚气情形，且不伤皮肤。

日本、美国在利用光催化消灭大肠杆菌、癌细胞等方面都取得了良好的效果。Kikuchi 等（1997）在涂覆了 TiO_2 薄膜的玻璃上滴下含有大肠杆菌的菌液，经紫外光照射后，用大肠杆菌的存活率变化考察了 TiO_2 的抗菌活性，结果表明光催化剂的抗菌活性的基础是 TiO_2 光催化反应的强氧化能力也就是有机物分解能力，与其他抗菌剂不同，是导致抗药性菌难以产生等特征的原因。日本科学技术振兴事业团和神奈川县农业综合技术研究所利用太阳光照射 TiO_2 可分解有机物并产生杀菌效果的原理，处理稻种消毒农药废液获得成功。我国在这方面也进行了大量的研究，香港中文大学化学系余济美教授与涂料生产商合作利用光催化技术开发新产品，解决房屋装修中的有害物给人类健康带来的危害。涂料应用了光催化技术，可以在表面形成几纳米厚的晶态 TiO_2 薄膜。在紫外线照射下，这层薄膜产生强烈氧化作用，可杀死大肠杆菌等有害细菌和其他病毒，在室内环境中试验的效果理想。Cai 等 (1991，1992a，1992b) 将癌细胞植入老鼠的皮下使其形成肿瘤，待肿瘤长至直径为 0.5cm 时，在肿瘤上直接注射含有 TiO_2 的溶液，2～3d 后割开皮肤，在肿瘤处光照 1h，结果表明对肿瘤的抑制效果非常明显。之后他们也开发出了对口腔癌、骨癌、直肠癌、膀胱癌、皮肤癌等多种癌症的治疗方案。

8.5.2　防污除雾功能

由于光催化剂的超亲水性质，使得油污等与材料表面不能牢固结合；同时由于其强氧化性，使其表面的油污被氧化掉，所以可将其喷涂于物体表面形成自洁涂层，从而具有防污、防雾、易清洗、干燥快等特点（Tanizaki 等，2007；Anpo 等，1987）。

目前有些研究成果已应用于实际，如日本高速公路两旁的隔离栏、照明灯以及地铁隧道内照明设施表面涂覆 TiO_2，在太阳光或日光灯的照射下涂层就能分解表面污染物，达到防污、防雾的效果。丰田汽车两侧的视镜玻璃上使用此种涂料，雨天无雾，大大降低了车祸的发生率。日本石川岛播磨重工业将此项技术用于货车与船舶的防污，效果很好，节省了人力、物力。目前，TiO_2 光催化自洁涂料技术已在欧美的大型窗玻璃生产中得以应用推广，如美国 PPG 玻璃公司考虑应用此技术推出商品名为"Sun Clean"的新型窗玻璃。

8.5.3　空气净化功能

TiO_2 在光催化过程中产生的·OH 能够破坏有机气体分子的能量键，

使空气中的氮氧化物、硫氧化物、氨等无机污染物，甲醇、甲醛、苯、丙酮等有机污染物分解或转化为简单分子（Alberici 等，1997；Deng 等，2002；Wang 等，2001；Kozlov 等，2003；Floretina 等，2007），在解决大气环境恶化、新型建筑材料及家具中的化学物质对室内环境的影响、汽车尾气产生的大气污染等问题时受到了人们的广泛关注。

日本东陶机器株式会社研究的将 TiO_2 固定在表面的光催化砖、光催化涂料、光催化混凝土块等的产品已经实用化。将光催化砖贴在大楼的外墙，空气中的 NO_x 就会因太阳光而氧化成硝酸，然后蓄积在砖的表面。硝酸被雨冲洗后最后回到土壤中；土壤中原来就含有硝酸，是植物的肥料。光催化的反应有效进行的范围为 $(0.01\sim10)\times10^6$，而大气中的 NO_x 浓度基本在这一范围。

日本三重县府津市中央火车站前的 UST-TSU 建筑外墙贴着光催化瓷砖，这种瓷砖不易粘灰尘和煤烟，降低了清洁建筑物和瓷砖修缮成本。UST-TSU 建筑上的这些瓷砖总面积约为 $7700m^2$，其空气净化效果约相当于一个 200 棵杨树的林带。

日本 Tohpe 株式会社与钛金属生产厂家古河机械金属共同开发了一种以净化大气中 NO_x 为目的的光催化涂料 Toasun Clean。实验测得该涂料的 NO_x 净化系数为 16，净化量达到 $18mg/(m^2 \cdot h)$（桥本和仁等，2007）。

此外，TiO_2 有着比臭氧负离子强的氧化能力，比活性炭、HEAP 更强的吸附力，同时还具有活性炭、HEAP 所没有的分解功效。欧美国家权威实验室的测试表明，$1m^2$ 的 TiO_2 与 $1m^2$ 的高效能纤维活性炭比较，TiO_2 的脱臭能力为高效能纤维活性炭的 150 倍。

8.5.4　化学合成中的应用

20 世纪 70 年代末，在 TiO_2 上沉积 Fe_2O_3 为光催化剂成功地将氢气和氮气光催化合成氨，引起了人们对光催化合成的注意。1983 年，芳香卤代烃的光催化羰基化合成反应的实现，成为光催化在有机合成应用中的里程碑（Brunet 等，1983）。光催化的有机合成通常在常温、常压下进行，易操作，一般不会产生二次污染。

Tada 等（1991）报道了 1,3,5,7-四甲基环四氧硅烷由金红石型 TiO_2 微颗粒光催化开环聚合。催化剂表面由聚甲基氧硅烷形成，聚合膜的上层为吸附的线性结构，下层为交联结构。由价带空穴引发反应，导带电子则与 O_2 反应生成 $\cdot O_2^-$；TiO_2 光催化反应还可以完成苯乙烯的聚合，但溶剂对反应有较大影响（Becket 等，1989）；在非水溶剂中主要生成聚苯乙烯，水溶液中则主要生成苯乙酮。Takei 等（2005）采用光催化沉积的方法将 Pt 均匀地沉积在 TiO_2 表面，在微通道反应器中实现了哌啶酸的光催化合成。在转化率、选择性以及光学纯度等方面都取得了良好的效果。Pal 等（2003）采用金属 Pt 表面沉积的 TiO_2 为光催化剂，以 L-赖氨酸为起始原料合成 L-哌啶酸。该法是首先在常温常压下，将催化剂粒子置于蒸馏水中搅拌形成悬浮液，然后再将 L-赖氨酸加到悬浮液中，隔绝空气后用 400W 的高压汞灯照射 0.5h 后即可生成 L-哌啶酸。

参 考 文 献

[1] 陈士夫，梁新，陶跃武，2000. 光催化降解磷酸酯类农药的研究 [J]. 感光科学与光化学，18（1）：7-11.

[2] 程沧沧，李太友，李华禄，等，1998. 载银 TiO_2 光催化降解 2，4-二氯苯酚水溶液的研究 [J]，环境科学研究，11（6）：212-215.

[3] 范山湖，孙振范，邬泉周，等，2003. 偶氮染料吸附和光催化氧化动力学 [J]. 物理化学学报，19（1）：25-29.

[4] 付贤智，丁正新，苏文悦，等，1999. 二氧化钛基固体超强酸的结构及其光催化氧化性能 [J]. 催化学报，20（3）：321-324.

[5] 葛庆杰，黄友梅，1997. CO_2 加氢直接制取二甲醚的研究 [J]. 分子催化，11（4）：297-300.

[6] 何艳青，张焕芝，2008. CO_2 提高石油采收率技术的应用与发展 [J]. 石油科技论坛，8（3）：24-26.

[7] 江怀友，沈平平，陈立滇，2007. 北美石油工业二氧化碳提高采收率现状研究 [J]. 中国能源，29（7）：30-34.

[8] 冷文华，张莉，成少安，等. 附载二氧化钛光催化降解水中对氯苯胺（PCA）[J]. 环境科学，2000，6：46-50.

[9] 李翠霞，杨志忠，王希靖，2009. 稀土掺杂纳米 TiO_2 光催化材料的制备和性能 [J]. 兰州理工大学学报，35（1）：21-24.

[10] 廖维荣，张江南，2010. CO_2 气腹对肿瘤增殖及转移影响的研究进展 [J]. 实用临床医学，11（1）：118-121.

[11] 梁金生，金宗哲，王静，2002. 稀土/纳米 TiO_2 的表面电子结构 [J]. 中国稀土学报，20（1）：74-76.

[12] 刘福生，吉仁，吴敏，等，2007. 菲染料敏化 Pt/TiO_2 光催化分解水制氢 [J]. 物理化学学报，23（12）：1899-1904.

[13] 刘守新，刘鸿，2006. 光催化及光电催化基础与应用 [M]. 北京：化学工业出版社.

[14] 刘亚琴，徐耀，李志杰，2006. CO_2 在纳米 SiO_2/TiO_2 悬浮体系中的光催化还原 [J]. 化学学报，64（6）：453-457.

[15] 罗洁，陈建山，2004. TiO_2 光催化氧化降解印染废水的研究 [J]. 工业催化，12（6）：36-38.

[16] 罗卓卿，洪崇轩，袁中新，等，2007. 利用 TiO_2/SO_4^{2-} 光触媒催化还原 CO_2 之参数影响与反应路径探讨 [J]. 催化学报，28（6）：528-534.

[17] 茅培森，陈军，2006. 超临界二氧化碳萃取技术在环境领域中的应用 [J]. 环境研究与监测，19（3）：56-58.

[18] 桥本和仁，藤岛昭，2007. 图解光催化技术大全 [M]. 北京：科学出版社.

[19] 任秋君，1998. 广东 CO_2 资源的回收和综合利用 [J]. 广东化工，2：10-13.

[20] J. A. 迪安，1991. 兰氏化学手册 [M]. 尚久方，操时杰，辛无名，等译. 北京：科学出版社.

[21] 申森，王振强，付慧坛，2007. 水体中有机物污染的治理技术 [J]. 科技资讯，2：100-101.

[22] 施骏业，翟晓华，谢晶，等，2005. CO_2 在食品加工和冷藏业中的应用前景 [J]. 制冷技术，6（3）：39-43.

[23] 王怡中，等，1998. 甲基橙溶液多相光催化降解研究 [J]. 环境科学，19（1）：1-4.

[24] 魏宏斌，徐迪民，严煦世，1999. 二氧化钛光催化氧化苯酚动力学规律 [J]. 中国给水排水，15（2）：14-17.

[25] 武正簧，田芳，赵君夫，等，1998. 处理苯酚溶液的 TiO_2 光催化薄膜的研究 [J]. 太原理工大学学报，29（3）：247-249.

[26] 谢明明，赵志换，王志忠，2007. 原位合成 $CoPc/TiO_2$ 光催化剂及其光催化还原 CO_2 的研究 [J]. 应用化工，36（9）：882-884.

[27] 徐用军，周定，罗中贯，等，1998. 二氧化钛负载型光催化剂的制备及光还原二氧化碳的研究 [J]. 哈尔滨工程大学学报，19（4）：89-93.

[28] 杨圣儒，2005. 二氧化碳应用进展 [J]. 广东化工，8：5-7.

[29] 于永辉，刘守新，2004. 二元酸废水的生物-光催化氧化组合处理技术 [J]. 工业水处理，2：23-25.

[30] 岳林海，水森，徐铸德，等，2000. 稀土掺杂二氧化钛的相变和光催化活性 [J]. 浙江大学学报（理学版），27（1）：69-74.

［31］ 曾波，2008. 纳米 TiO_2 光催化还原 CO_2 制备甲醇研究 ［D］. 西安：西北大学.

［32］ 张霞，钟炳，刘朗，1997. SOT/TiO_2 超强催化剂的 XPS 研究 ［J］. 燃料化学学报，25（2）：180-184.

［33］ 赵进才，张丰雷，1996. 二氧化钛微粒存在下表面活性剂光催化分解机理的研究 ［J］. 感光科学与光化学，3：269-273.

［34］ 赵玉光，王宝贞，等，1998. 生物-光催化反应器系统处理印染废水的研究 ［J］. 环境科学学报，18（4）：373-379.

［35］ 赵志换，范济民，王志忠，等，2005. CoPc/TiO_2 催化剂的制备及其光催化还原 CO_2 的研究 ［J］. 应用化工，34（10）：632-634.

［36］ 赵怡，2005. 中国石油化工科技信息指南（上）［M］. 北京：中国石化出版社.

［37］ 钟志京，曲治华，1998. 光解法降解含茶污水的实验研究 ［J］. 四川环境，17（2）：15-19.

［38］ 周家贤，2004. 二氧化碳开发利用综述 ［J］. 化工设计，14：7-10.

［39］ 周祖飞，蒋伟川，刘维屏，1997. 水溶液中 α-萘乙酸的光降解研究 ［J］. 环境科学，1：35-37.

［40］ 朱春媚，陈双全，杨曦，等，1998. 几种难降解有机废水的光化学处理研究 ［J］. 环境科学学报，18（4）：30-35.

［41］ 庄晓，张铁垣，许嘉琳，1998. 非离子表面活性剂非均相光催化降解试验研究 ［J］. 北京师范大学学报，34（3）：371-375.

［42］ Adachi K，Ohta K，Mizunoa T，1994. Photocatalytic reduction of carbon dioxide to hydrocarbon using copper-loaded titanium dioxide ［J］. Solar Energy，53（2）：187-190.

［43］ Alberici R M，Canela M C，Eberlin M N，et al，2001. Catalyst deactivation in the gas phase destruction of nitrogen-containing organic compounds using TiO_2/UV-VIS ［J］. Applied Catalysis B：Environmental，30（3-4）：389-397.

［44］ Alberici R M，Jardim W F，1997. Photocatalytic destruction of VOCs in the gas-phase using titanium dioxide ［J］. Applied Catalysis B：Environmental，14（1-2）：55-68.

［45］ Anpo M，Shima T，Kodam S，et al，1987. Photocatalytic hydrogenation of CH_3COOH with H_2O on small-particle TiO_2 ［J］. The Journal of Physical Chemistry，91（16）：4305-4310.

［46］ Anpo M，Chiba K，1992. Photocatalytic reduction of CO_2 on anchored titanium oxide catalysts ［J］. Journal of Molecular Catalysis，74（2）：207-212.

［47］ Ao C，Lee S，Roberta L，et al，2003. Photodegradation of volatile organic compounds and NO for indoor air purification using TiO_2：promotion versus inhibition effect of NO [J] . Applied Catalyst B: Environmental, 43 (2): 119-129.

[48] Augugliaro V, Loddo V, Marci G, et al, 1997. Photocatalytic oxidation of cyanides in aqueous titanium dioxide suspensions [J] . Journal of Catalysis, 166 (2): 272-283.

[49] Azenha M G, Burrows H D, Canle L M. On the kinetics and energetic of one-electron oxidation of 1, 3, 5-triazines [J] . Chemical Communications, 2003, 7 (1): 112-113.

[50] Becket W G, Truong M M, Ai C C, et al, 1989. Interfacial factors that affect the photoefficiency of semiconductor-sensitized oxidations in nonaqueous media [J] . The Journal of Physical Chemistry, 93: 4882-4886.

[51] Berry C W, Moore T J, Safar J A, 1992. Antibacterial activity of dental implant metals [J] . Implant Dent (BPT), 1 (1): 59-65.

[52] Brunet J J, Sidot C, Caubere P, 1983. Sunlamp-irradiated phase-transfer catalysis cobalt carbonyl catalyzed SRNl carbonylations of aryl and vinyl halides [J] . Journal of Organic Chemistry, 48: 1166-1171.

[53] Cai R, Hashimoto K, Itoh K, et al, 1991. Photokilling of malignant cells with ultra-fine TiO_2 powder [J] . Bulletin of the Chemical Society of Japan, 64: 1268-1273.

[54] Cai R, Hashimoto K, Kubota Y, et al, 1992. Increment of photocatalytic killing of cancer cells using TiO_2 with the aid of superoxide dismutase [J] . Chemical Letters, 3: 427-430.

[55] Cai R, Kubota Y, Shuin T, et al, 1992. Induction of cytotoxicity by photoexcited TiO_2 particles [J] . Cancer Research, 52: 2346-2348.

[56] Carraway E R, Hoffmann A J, Hoffmann M R, 1994. Photocatalytic oxidation of organic acids on quantum-sized semiconductor colloids [J] . Environmental Science & Technology, 28: 786-793.

[57] Centi G, Perathoner S, 2009. Opportunities and prospects in the chemical recycling of carbon dioxide to fuels [J] . Catalysis Today, 148 (3): 191-205.

[58] Chen J S, Liu M C, Zhang L, et al, 2003. Application of nano TiO_2 towards polluted water treatment combined with electro-photochemical method [J] . Water Research, 37 (16): 3815-3820.

[59] Choi W, Ko J Y, Park H, et al, 2001. Investigation on TiO_2-coated optical fibers for gas-phase photocatalytic oxidation of acetone [J] . Applied Catalysis B-Environmental, 31 (3): 209-220.

[60] Choi W, Termin A, Hoffmann M R, 1994. The role of metal ion dopants in quan-

tum-size TiO$_2$ correlation between photoreactivity and charge carrier recombination dynamics [J]. The Journal of Physical Chemistry, 98 (51): 13669-13679.

[61] Dalton J S, Janes P A, Jones N G, et al, 2002. Photocatalytic oxidation of NO$_x$ gases using TiO$_2$: a surface spectroscopic approach [J]. Environmental Pollution, 120 (2): 415-422.

[62] Deng X Y, Yue Y H, Gao Z, 2002. Gas-phase photo-oxidation of organic compounds over nanosized TiO$_2$ photocatalysts by various preparations [J]. Applied Catalysis B: Environmental, 39 (2): 135-147.

[63] Dillert Ralf, Iris Fornefett, Ulrike Siebers, et al, 1996. Photocatalytic degradation of trinitrotoluene and trinitrobenzene: influence of hydrogen peroxide [J]. Journal of Photochemistry and Photobiology A: Chemistry, 94 (2-3): 231-236.

[64] Draper R B, Fox M A, 1990. Titanium dioxide photosensitized reactions studied by diffuse reflectance flash photolysis in aqueous suspensions of TiO$_2$ powder [J]. Langmuir, 6 (8): 1396-1402.

[65] Driessen M D, Goodman A L, Miller T M, et al, 1998. Gas-phase photooxidation of trichloroethylene on TiO$_2$ and ZnO: influence of trichloroethylene pressure, oxygen pressure, and the photocatalyst surface on the product distribution [J]. the Journal of Physical Chemistry B, 102 (3): 549-556.

[66] Dzhabiev T S, 1997. Photoreduction of carbon dioxide with water in the presence of SiC/ZnO heterostructural semiconductor materials [J]. Kinetics and Catalysis, 38 (6): 795-800.

[67] Eftaxias A, Fonta J, Fortuny A, 2001. Kinetic modeling of catalytic wet air oxidation of phenol by simulated annealing [J]. Applied Catalysis B: Environmental, 33 (2): 175-190.

[68] Einaga H, Futamura S, Ibusuki T, 2002. Heterogeneous photocatalytic oxidation of benzene, toluene, cyclohexane in humidified air: comparision of decomposition behavior on photoirradiated TiO$_2$ catalyst [J]. Applied Catalysis B: Environmental, 38 (3): 215-225.

[69] Floretina A, Betianu C, Robu B M, et al, 2007. Study concerning the influence of oxidizing agents on heterogeneous photocatalytic degradation of persistent organic pollutants [J]. Environmental Engineering and Management Journal, 6 (6): 483-489.

[70] Fox M A, Duby M T, 1999. Heterogeneous photocatalysis [J]. Chemical Review, 93 (1): 341-357.

[71] Fujishima A, Honda K, 1972. Electrochemical photolysis of water at a semicon-

ductor electrode [J] . Nature, 238: 37-38.

[72] Guptaa N M, Kamblea V S, Iyera R M, et al, 1992. The transient species formed over Ru-RuO$_x$/TiO$_2$ catalyst in the CO and CO $+$ H$_2$ interaction: FTIR spectroscopic study [J] . Journal of Catalysis, 137 (2): 473-486.

[73] Grabner G, Li G Z, Quint R, et al, 1991. Pulsed laser-induced oxidation of phenol in acid aqueous TiO$_2$ sols [J] . Journal of the Chemical Society, Faraday Transactions, 87: 1097-1101.

[74] Grätzel M, 1994. Nanocrystalline solar cells [J] . Renewable Energy, 5 (1-4): 118-133.

[75] Grätzel M, 1997. Nanocrystalline electronic junctions [J] . Studies in Surface Science and Catalysis, 103: 353-375.

[76] Han L, Ashraful I, Masafumi S, et al, 2009. Integrated dye-sensitized solar cells with conversion efficiency of 8. 2% [J] . Applied Physics Letters, 94 (1): 13305-13307.

[77] Hidaka H, Horikoshi S, Ajisaka K, et al, 1997. Fate of amino acids upon exposure to aqueous titania irradiated with UV-A and UV-B radiation Photocatalyzed formation of NH$_3$, NO^{3-}, and CO$_2$ [J] . Journal of Photochemistry and Photobiology A: Chemistry, 108 (2): 197-205.

[78] Hiroyoshi Kanai, Masafumi Shonob, Kazuhiko Hamada, et al, 2001. Photooxidation of propylene with oxygen over TiO$_2$-SiO$_2$ composite oxides prepared by rapid hydrolysis [J] . Journal of Molecular Catalysis A: Chemical, 172 (1-2): 25-31.

[79] Hoffmann M, Martin S, Choi W, et al, 1995. Environmental applications of semiconductor photocatalysis [J] . Chemical Reviews, 95 (1): 69-96.

[80] Hori H, Ishihara J, Koike K, et al, 1999. Photocatalytic reduction of carbon dioxide using [fac-Re (bpy) (CO)$_3$ (4-Xpy)]$^+$ (Xpy=pyridinederivatives) [J]. Photochemistry and Photobiology A: Chemistry, 2: 119-124.

[81] Huang Son Jong, Chris Petucci, Daniel Raftery, 1997. In situ solid-state NMR observations of photocatalytic surface chemistry: degradation of trichloroethylene [J] . Journal of the American Chemical Society, 119 (33): 7877-7878.

[82] Iliev V, Tomova V, Bilyarska L, et al, 2005. Photocatalytic properties of TiO$_2$ modified with platinum and silver nanoparticles in the degradation of oxalic acid in aqueous solution [J] . Applied Catalysis B: Environmental, 63: 261-266.

[83] Inoue T, Fujishima A, Konishi S, et al, 1979. Photoelectrocatalytic reduction of carbon dioxide in aqueous suspensions of semiconductor powders [J] . Nature, 277: 637-638.

[84] Ishitani O, Inoue C, Suzuki Y, et al, 1993. Photocatalytic reduction of carbon dioxide to methane and acetic acid by an aqueous suspension of metal-deposited TiO_2 [J] . Journal of Photochemistry and Photobiology A: Chemistry, 72 (3): 269-271.

[85] Jun K W, Jung M H, Lee K W, 1998. Effective conversion of CO_2 to methanol and dimethylether over hybrid catalysts [J] . Studies in Surface Science and Catalysis, 114: 447-450.

[86] Kaneco S, Kurimoto H, Ohta K, et al, 1997. Photocatalytic reduction of CO_2 using TiO_2 powders in liquid CO_2 medium [J] . Journal of Photochemistry and Photobiology A: Chemistry, 109 (1): 59-63.

[87] Kanemoto M, Ishihara K, Wada Y, et al, 1992. Semiconductor photocatalysis, visible-light induced effective photoreduction of CO_2 to CO catalyzed by collodial CDS microcrystallites [J] . Chemical Letters, 5: 835-836.

[88] Kay A, Grätzel M, 1996. Low cost photovoltaic modules based on dye sensitized nanocrystalline titanium dioxide and carbon powder [J] . Solar Energy Materials and Solar Cells, 44 (1): 99-117.

[89] Khedr M H, Abdel Halim K S, Zaki A H, et al, 2008. CO_2 decomposition over freshly reduced nano-crystallite $Cu_{0.5}Zn_{0.5}Fe_2O_4$ at 400-600°C [J] . Journal of Analytical and Applied Pyrolysis, 81 (2): 272-277.

[90] Kikuchi Y, Sunada K, Iyoda T, et al, 1997. Photocatalytic bactericidal effect of TiO_2 thin films: dynamic view of the active oxygen species responsible for the effect [J] . Journal of Photochemistry and Photobiology A: Chemistry, 106 (1-3): 51-56.

[91] Kim C, Kim K S, Kim H Y, et al, 2008. Modification of a TiO_2 photoanode by using Cr-doped TiO_2 with an influence on the photovoltaic efficiency of a dye-sensitized solar cell [J] . Journal of Materials Chemistry, 18 (47): 5809-5814.

[92] Kim S B, Hwang H T, Hong S C, 2002. Photocatalytic degradation of volatile organic compounds at the gas-solid interface of a TiO_2 photocatalyst [J] . Chemosphere, 48 (4): 437-444.

[93] Kohno Y, Hayashi H, Takenaka S, et al, 1999. Photo-enhanced reduction of carbon dioxide with hydrogen over Rh/TiO_2 [J] . Journal of Photochemistry and Photobiology A: Chemistry, 126 (1-3): 117-123.

[94] Ko K H, Lee Y C, Junget Y J, et al, 2005. Enhanced efficiency of dye-sensitized TiO_2 solar cells (DSSC) by doping of metal ions [J] . Journal of Colloid and Interface Science, 283 (2): 482-487.

［95］ Kozlov D V, Paukshtis E A, Savinov E N, 2000. The comparative studies of titani‐ um dioxide in gas phase ethanol photocatalytic oxidation by the FTIR in situ method ［J］. Applied Catalysis B: Environmental, 24 (1): 7-12.

［96］ Kozlov D V, Vorontsov A V, Smirniotis P G, et al, 2003. Gas-phase photocata‐ lytic oxidation of diethyl sulfide over TiO_2: kinetic investigations and catalyst deac‐ tivation ［J］. Applied Catalysis B: Environmental, 42 (1): 77-87.

［97］ Lagemat J, Frank A, 2000. Effect of the surface-state distribution on electron transport in dye-sensitized TiO_2 solar cells ［J］. The Journal of Physical Chemis‐ try, 18 (4): 42-49.

［98］ Lethy K J, Beena D, Pillai V P M, et al, 2008. Band gap renormalization in ti‐ tania modified nanostructured tungsten oxide thin films prepared by pulsed laser deposition technique for solar cell applications ［J］. Journal of Applied Physics, 104 (3): 33515-33527.

［99］ Liu Y Y, Huang B B, Dai Y, et al, 2009. Selective ethanol formation from photocata‐ lytic reduction of carbon dioxide in water with $BiVO_4$ photocatalyst ［J］. Catalysis Com‐ munications, 11 (3): 210-213.

［100］ Lou Z S, Chen Q W, Zhang Y F, et al, 2003. Diamond formation by reduction of carbon dioxide at low temperatures ［J］. Journal of the American Chemical So‐ ciety, 125 (31): 9302-9303.

［101］ Mao Y, Schöneich C, Asmurs K D, 1991. Identification of organic acids and oth‐ er intermediates in oxidative degradation of chlorinated ethanes on TiO_2 surfaces en route to mineralization. A combined photocatalytic and radiation chemical study ［J］. The Journal of Physical Chemistry, 95: 10080-10089.

［102］ Mcevoy A J, Grätzel M, 1994. Sensitisation in photochemistry and photovoltaics ［J］. Solar Energy Materials and Solar Cells, 32 (3): 221-227.

［103］ Milne Tom, Nimlos Mark, 1992. Incomplete photocatalytic oxidation of TCE ［J］. Chemical & Engineering News, 70 (25): 2.

［104］ Moser Y, Punchihewa S, Infeltea P P, et al, 1991. Surface complexation of colloidal semiconductors strongly enhances interfacial electron-transfer rates ［J］. Langmuir, 7 (12): 3012-3018.

［105］ Muggh D S, Ding L, 2001. Photocatalytic performance of sulfated TiO_2 and De‐ gussa P25 TiO_2 during oxidation of organics ［J］. Applied Catalysis B: Environ‐ mental, 32 (3): 181-194.

［106］ Nguyen T V, Wu J C S, 2008. Photoreduction of CO_2 in an optical-fiber photore‐ actor: effects of metals addition and catalyst carrier ［J］. Applied Catalysis A:

General, 335: 112-120.

[107] Obuchi E, Sakamoto T, Nakano K, et al, 1999. Photocatalytic decomposition of acetadehyde over TiO_2/SiO_2 catalyst [J]. Chemical Engineering Science, 54 (1): 52-55.

[108] Ohtani B, Nishimoto S, 1993. Effect of surface adsorptions of aliphatic alcohols and silver ion on the photocatalytic activity of titania suspended in aqueous solutions [J]. The Journal of Physical Chemistry, 97: 920-926.

[109] Omae I, 2006. Aspects of carbon dioxide utilization [J]. Catalysis Today, 115 (1): 33-52.

[110] Pal B, Ikeda S, Kominami H, et al, 2003. Photocatalytic redox-combined synthesis of L-pipecolinic acid from L-lysine by suspended titania particles: effect of noble metal loading [J]. Journal of Catalysis, 217: 152-159.

[111] Paola A D, Gareia-Lopoz E, Ikeda S, et al, 2002. Photocatalytic degradation of organic compounds in aqueous systems by transition metal doped polycrystalline TiO_2 [J]. Catalysis Today, 75: 87-93.

[112] Peral Jose, David F Ollis, 1997. TiO_2 photocatalyst deactivation by gas-phase oxidation of heteroatom organics [J]. Journal of Molecular Catalysis A: Chemical, 115 (2): 347-354.

[113] Peyermhoff S D, Bunker R J, Whitten J L, 1967. Linear stretch in polyatomic molecules: accurate self-consistent field molecular orbital wavefunctions for carbon dioxide and beryllium fluoride [J]. Chemical Physics, 46: 1707.

[114] Rafael M R, Nelson C M, 1998. Relationship between the formation of surface species and catalyst deactivation during the gas-phase photocatalytic oxidation of toluene [J]. Catalysis Today, 40 (4): 353-365.

[115] Rechard C, 1993. Regioselectivity of oxidation by positive holes (h^+) in photocatalytic aqueous transformations [J]. Journal of Photochemistry and Photobiology A-Chemistry, 72: 179-182.

[116] Regan B O, Grätzel M, 1991. High efficiency solar cell based on dye-sensitized colloidal TiO_2 films [J]. Nature, 353: 737-739.

[117] Roberta L Z, Wilson F J, 2002. Photocatalytic decomposition of seawater-soluble crude-oil fractions using high surface area colloid nanoparticles of TiO_2 [J]. Journal of Photochemistry and Photobiology A: Chemistry, 147 (3): 205-212.

[118] Satoshi H, Nick S, Shuji Y, et al, 1999. Photocatalyzed degradation of polymers in aqueous semiconductor suspensions: IV theoretical and experimental examination of the photooxidative mineralization of constituent bases in nucleic acids at ti-

tania/water interfaces [J] . Journal of Photochemistry and Photobiology A: Chemistry, 120 (1): 63-74.

[119] Sauer M L, Ollis D F, 1994. Acetone oxidation in a photocatalytic monolith reactor [J] . Catalysis Today, 149 (1-2): 81-87.

[120] Shang J, Du Y G, Xu Z L, 2002. Photocatalytic oxidation of heptane in the gasphase over TiO_2 [J] . Chemosphere, 46 (1): 93-99.

[121] Sirisuk A, Hill C G, Anderson M A, 1999. Photocatalytic degradation of ethylene over thin films of titania supported on glass rings [J] . Catalysis Today, 54 (1): 159-164.

[122] Snaith H J, Lukas S M, 2007. Advances in liquid electrolyte and solid state dye sensitized solar cells [J] . Advanced Materials, 19 (20): 3187-3200.

[123] Song C S, 2006. Global challenges and strategies for control, conversion and utilization of CO_2 for sustainable development involving energy, catalysis, adsorption and chemical processing [J] . Catalysis Today, 115 (1): 2-32.

[124] Sun Y F, Pignatello J J, 1995. Evidence for a Surface Dual Hole-Radical Mechanism in the TiO_2 Photocatalytic Oxidation of 2, 4-Dichlorophenoxyacetic Acid [J] . Environmental Science & Technology, 29: 2065-2072.

[125] Tada H, Hyodo M, Kawahara H, 1991. Photoinduced polymerization of 1, 3, 5, 7-tetrame thylcyclotetrasiloxane by TiO_2 particles [J] . The Journal of Physical Chemistry, 95: 10185-10188.

[126] Takei G, Kitamori T, Kim H B, 2005. Photocatalytic redox-combined synthesis of L-pipecolinic acid with a titania-modified microchannel chip [J] . Catalysis Communications, 6: 357-360.

[127] Tanaka K, Miyahara K, Toyoshima I, 1984. Adsorption of carbon dioxide on titanium dioxide and platinum/titanium dioxide studied by x-ray photoelectron spectroscopy and auger electron spectroscopy [J] . The Journal of Physical Chemistry, 88 (16): 3504-3508.

[128] Tanizaki T, Murakami Y, Hanada Y, et al, 2007. Titanium dioxide assisted photocatalytic degradation of volatile organic compounds at ppb level [J] . Journal of Health Science, 53 (5): 514-519.

[129] Teruhisa ohno, Fumihiro Tanhgawa, et al, 1999. Photocatalytic oxidation of water by visible light using ruthenium-doped titanium dioxide powder [J] . Journal of Photochemistry and Photobiology A: Chemistry, 127: 107-110.

[130] Tseng I, Chang W, Wu J C S, 2002. Photoreduction of CO_2 using sol-gel derived titania and titania-supported copper catalysts [J] . Applied Catalysis B: Environ-

mental, 37 (1): 37-48.

[131] Tseng I, Wu J C S, Chou H, 2004. Effects of sol-gel procedures on the photocatalysis of Cu/TiO$_2$ in CO$_2$ photoreduction [J]. Journal of Catalysis, 221 (2): 432-440.

[132] Tunesi S, Anderson M A, 1991. Influence of chemisorption on the ph otodecomposition of salicylic acid and related compounds using suspended membranes [J]. The Journal of Physical Chemistry, 95: 3399-3405.

[133] Turchi C S, Ollis D F, 1990. Photocatalytic degradation of organic water contaminants: mechanism involving hydroxyl radical attack [J]. Journal of Catalysis, 122 (1): 178-192.

[134] Vorontsov A V, Savinov E V, Davydov L, et al, 2001. Photocatalytic destruction of gaseous diethyl sulfide over TiO$_2$ [J]. Applied Catalysis B: Environmental, 32 (1-2): 11-24.

[135] Wang C, Deng Z X, Li Y D, 2001. The synthesis of nanocrystalline anatase and rutile titania in mixed organic media [J]. Inorganic Chemistry, 40 (20): 5210-5214.

[136] Wang Q, Nathan R N, Arthur J F, et al, 2009. Constructing ordered sensitized heterojunctions: bottom-up electrochemical synthesis of p-type semiconductors in oriented n-TiO$_2$ nanotube arrays [J]. Nano Letters, 9 (2): 806-813.

[137] Wu J C S, 2009. Photocatalytic reduction of greenhouse gas CO$_2$ to fuel [J]. Catalysis Surveys from Asia, 13 (1): 30-40.

[138] Xu A W, Gao Y, Liu H Q, 2002. The preparation, characterization and their photocatalytic activities of rare-earth-doped TiO$_2$ nanoparticles [J]. Journal of Catalysis, 207 (2): 151-157.

[139] Yamashita H, Kamada N, He H, 1994. Reduction of CO$_2$ with H$_2$O on TiO$_2$ (100) and TiO$_2$ (110) single crystals under UV-irradiation [J]. Chemistry Letters, 23 (5): 855-858.

[140] Yamazaki S, Tuskamoto H, Araki K, et al, 2001. Photocatalytic degradation of gaseous tetrachloroethuylene on porous TiO$_2$ pellets [J]. Applied Catalysis B: Environmental, 2 (2): 109-117.

[141] Yanagida M, Konishi Y, 2007. Efficient complete oxidation of acetaldehyde into CO$_2$ over CuBi$_2$O$_4$/WO$_3$ composite photocatalyst under visible and UV light irradiation [J]. The Journal of Physical Chemistry C, 111 (21): 7574-7577.

[142] Yoshinaka S, Segawa K, 1998. Hydrodesulfurization of dibenzothiophenes over molybdenum catalyst supported on TiO$_2$-Al$_2$O$_3$ [J]. Catalyst Today, 45 (1-4):

293-298.

[143] Yu B, Wang P, Grätzel M, et al, 2008. High-performance dye-sensitized solar cells based on solvent-free electrolytes produced from eutectic melts [J] . Nature Materials, 7 (8): 626-630.

[144] Yu J C, Yu J, Zhao J, 2002. Enhanced photocatalytic activity of mesoporous and ordinary TiO_2 thin films by sulfuric acid treatment [J] . Applied Catalysis B: Environmental, 36 (1): 31-43.

[145] Yu K P, Yu W Y, Kuo M C, et al, 2008. Pt/titania-nanotube: a potential catalyst for CO_2 adsorption and hydrogenation [J] . Applied Catalysis B: Environmental, 84 (1-2): 112-118.

[146] Zhang Q H, Han W D, Hong Y J, et al, 2009. Photocatalytic reduction of CO_2 with H_2O on Pt-loaded TiO_2 catalyst [J] . Catalysis Today, 148 (4): 335-340.

[147] Zhang X V, Ellery S P, Friend C M, et al, 2007. Photodriven reduction and oxidation reactions on colloidal semiconductor particles: implications for prebiotic synthesis [J] . Journal of Photochemistry and Photobiology A: Chemistry, 185 (2-3): 301-311.

[148] Zhu J, Deng Z, 2006. Hydrothermal doping method for preparation of Cr^{3+}-TiO_2 photocatalysts with concentration gradient distribution of Cr^{3+} [J] . Applied Catalysis B: Environmental, 62 (3-4): 329-335.

[149] Zhu X, Nanny M A, Butler E C, 2007. Effect of inorganic anions on the titanium dioxide-based photocatalytic oxidation of aqueous ammonia and nitrite [J] . Journal of Photochemistry and Photobiology A: Chemistry, 185 (2-3): 289-294.